ulmer

Liane Rauch

HUNDE TRAINING OHNE WORTE

Führen mit der leeren Hand

3., aktualisierte Auflage

KONDITIONIERUNG

GENERALISIERUNG

ERZIEHUNG

BEZIEHUNG

ZUSAMMENARBEIT

EINSATZ

VORWORT ZUR 3. AUFLAGE

„Sprich mit deinem Hund hündisch" liest man immer wieder, sogar Kurse dazu werden angeboten. Das geht jedoch nicht – wir Menschen können niemals „hündisch" kommunizieren: Wir haben keine Rute, die unsere Stimmung anzeigt, mit unseren Ohren können wir nicht zeigen, in welcher Verfassung wir sind, unsere Nase ist viel zu kurz und nicht mit unserem Gebiss verbunden, sodass wir damit nicht ordentlich „drohen" können. Das wesentlichste Kommunikationsproblem ist jedoch: Wir gehen aufrecht. Kein Mensch ist in der Lage, die Körpersprache eines Vierbeiners adäquat nachzuahmen. Selbst auf allen Vieren krabbelnd nicht. Menschen können das nicht.

Kommt ein Hund in sein neues Zuhause, sind die dort lebenden Zweibeiner für ihn zunächst ein Buch mit sieben Siegeln. Am Anfang der Halter-Hund-Beziehung herrscht auf beiden Seiten pures Unverständnis. Nun beginnt der Hund, seinen Menschen zu ergründen: Er beobachtet seine Mimik, versucht, seine Körpersprache zu deuten, lernt durch Beobachten, wie sein Mensch denn „so drauf" ist. So lernt der Vierbeiner im Laufe der Zeit, seinen Menschen für sich erklärbar zu machen. Hunde können das.

Hunde geben uns Menschen so viel und verlangen so wenig zurück. Sie arbeiten mit uns und für uns, ohne sofort eine Gegenleistung einzufordern. Blinden-, Assistenz- und nicht zuletzt Rettungshunde geben alles und stehen ihren Menschen immer bei. Deshalb haben es unsere Hunde auch verdient, ihnen das zu geben was sie verstehen und brauchen.

Reichen wir unseren Hunden die Hand.

Diese Geste versteht jeder Hund sofort, denn es ist ihm angeboren, alles Neue und auch Bekanntes immer zuerst mit der Nase zu analysieren, zu untersuchen und zu berühren. Mit dem Handtouch-Training können Sie also einen Beitrag dazu leisten, für Ihren Hund klar und verstehbar zu werden.

Es macht mich sehr glücklich, dass ich inzwischen vielen tausenden Lesern mit diesem Buch ein Konzept an die Hand geben konnte, welches der Hund sofort umsetzen kann. Nicht umsonst geht dieses Buch jetzt in die dritte Auflage. Immer mehr Hundehalter wechseln von der klassischen, ausschließlich auf Hörzeichen basierenden Ausbildung zur Methode der Führung ohne Worte – ohne Hilfsmittel, ausschließlich über die leere Hand.

Herz und Hand – mehr brauchen Hunde nicht. Machen doch auch Sie mit. Schneller und garantierter Erfolg bei der Führung Ihres Hundes wird Sie überzeugen.

Viel Erfolg beim Training wünscht Ihnen
Ihre Liane Rauch

KONDITIONIERUNG

ANDERE WEGE GEHEN

Mit meiner Hündin Sunny habe ich eine klassische Hundeschule besucht, doch schon bald hatte ich das Gefühl, dass etwas fehlte. Ich wollte anders sein, Wege gehen, die der Hund sofort versteht.

Zu wenig Bindungsarbeit

In der klassischen Hundeschule fehlte mir Bindungsarbeit, die Arbeit hin zu einem harmonischen Miteinander im Alltag. Auf ein harmonisches Miteinander wurden Sunny und ich vor über 20 Jahren in unserer damaligen Hundeschule nicht vorbereitet. Klar, gab es mal einen Stadtgang, auch andere Hunde gab es zu Dutzenden auf dem Platz. Doch wo blieben Frauchen und Herrchen? An der Beziehung zwischen Halter und Hund wurde nicht wirklich gearbeitet. Immer wieder wurden aversive Methoden wie Rappelboxen, Wasserpistolen oder Wurfketten angewendet. Außer den Grundkommandos „Hier", „Sitz", „Platz" und „Bleib" und dem Laufen von Bögen gab es nicht viel Abwechslung.

Zuhause fing ich dann an, mit Sunny kleine Tricks einzustudieren und suchte mir die damals noch sehr, sehr spärlichen Informationen zu Dog Dancing und Trickarbeit aus dem Internet zusammen. Wurde ich anfangs noch belächelt und ausgelacht „... das soll Erziehung sein?", gab es im Laufe der Zeit immer mehr Hundehalter, die in der Beziehung zwischen Sunny und mir das Besondere erkannten.

Eine enge, vertrauensvolle Bindung zum Halter kann Probleme und Fehlverhalten des Hundes schon im Vorfeld verhindern. Sie ist Basis für ein harmonisches Miteinander im Alltag.

Arbeit ist Spiel – Spiel ist Arbeit

Hunde machen keinen Unterschied zwischen Arbeit und Spiel. Für den Hund ist Arbeit Spiel und Spiel ist Arbeit. Der Rettungshund spielt ein Suchspiel, der Jagdhund spielt ein Apportierspiel, der Dog-Dance-Hund spielt ein Körperspiel mit seinem Halter usw.

Aus einer Kombination von klassischen Erziehungselementen, dem Dog Dancing, der Trickarbeit und dem Handtouch-Training entstand eine Methode, über die Hunde spielerisch, fast von allein und mit viel Spaß für beide Seiten eine enge Bindung zum Halter aufbauen.

Bei mir sollen Hunde lernen, sich an der leeren Hand des Halters zu orientieren. Sie sollen lernen, über Blickkontakt nachzufragen, was als Nächstes zu tun ist und nicht selbst entscheiden und beispielsweise auf andere Hunde und Menschen losstürzen oder sie verbellen. Meine Hunde sollen zum Beispiel an lockerer Leine laufen: Ist ein kleiner Hund noch gut zu halten, wenn er zieht, kann das Leineziehen bei einem 30 kg schweren Hund sehr gefährlich werden.

Vor allem aber muss ein Hund lernen, sich von allein am Halter zu orientieren, ohne dass der Halter ständig hinter seinem Hund „herbrüllen" muss. Das funktioniert nun einfach mal am besten, wenn beide, Hund und Halter, Spaß an der Erziehung haben.

Und ich bin überzeugt: Stimmt die BEziehung, klappt es auch mit der ERziehung.

Der Jagdhund spielt ein Such- und Apportierspiel. Hunde kennen keinen Unterschied zwischen Arbeit und Spiel.

Kurz gefasst

- In klassischen Hundeschulen wird Bindungsarbeit oft vernachlässigt.
- Dog Dance und Trickarbeit sind eine effektive Möglichkeit, die Bindung zu stärken.
- Hunde kennen keinen Unterschied zwischen Arbeit (Erziehung) und Spiel.
- Der Hund soll sich von allein am Halter orientieren.

DER HANDTOUCH – FÜHRUNG OHNE BESTECHUNG

Allem voran möchte ich ausdrücklich betonen, dass ich KEIN genereller GEGNER von Hilfsmitteln bin. Ein Hund braucht jedoch nicht mehr als seinen Menschen und dessen Hand.

Warum Handtouch?

In bestimmten Bereichen des Hundesports kann es sinnvoll sein, Hilfsmittel einzusetzen. In der Erziehungsarbeit aber soll der Hund eine Bindung und Beziehung zum Halter aufbauen, nicht aber zu einem dieser heute überall eingesetzten Hilfsmittel. Hunde kommunizieren untereinander ohne Hilfsmittel, ohne vorherige Bestechung. Unter Hunden findet Kommunikation und Erziehung über Blickkontakt oder Berührungen statt. Was ich während vieler Jahre Hundehaltung noch nie beobachten konnte ist, dass eine Hundemutter bei der Erziehung ihrer Welpen Requisiten verwendet oder bei Fehlverhalten ihrer Welpen diese mit Rappeldosen oder Erdklumpen bewirft.

Beobachte ich meine Hunde bei Interaktionen, kann ich häufig sehen, dass sie sich immer wieder mit der Nase anstupsen: Am Hals, an den Ohren oder am Fang. Der Kopf, insbesondere der Fang, ist eines der wichtigsten „Kommunikationsmittel" unter Caniden.

Hunde können mit dem Kopf so fast alle Stimmungen ausdrücken, die zur Kommunikation mit anderen, auch mit dem Menschen, wichtig sind.

Das Anstupsen mit der Nase ist Hunden angeboren. Erwachsene Hunde verwenden dieses Anstupsen weiterhin bei sozialen Interaktionen.

Auch andere Tiere oder Menschen werden von Hunden sehr häufig mit Nasenstübern untersucht oder begrüßt. Das Handtouch-Training macht sich dieses angeborene Verhalten zu Nutze.

Nase rümpfen als Warnung, Zähne fletschen als Drohung oder eben das Anstupsen bei Zärtlichkeiten, zudem sind mit der Mimik Freundschafts- und Bindungsinteraktionen möglich.

Dieses angeborene Kommunikationsverhalten nutze ich in der Erziehungsarbeit, da es der Hund wirklich versteht und deshalb auch richtig umsetzen kann. Was im Hundesport schon lange üblich ist, habe ich in den letzten Jahren auf die Erziehungsarbeit übertragen. Dieses Verhalten, das jedem Hund in die Wiege gelegt wurde, wird beim Handtouch-Training genutzt.

Training ohne Worte ist also eigentlich nicht neu, sondern ich wende Führungshilfen aus dem Hundesport einfach in der täglichen Erziehungsarbeit an.

Kurz gefasst

- Kommunikation, wie Hunde sie untereinander führen, wird vom Hund schneller verstanden.
- Hunde setzen bei der innerartlichen Kommunikation keine Hilfsmittel ein.
- Hunde bestechen sich nicht.

Über Sinn und Unsinn mancher Hilfsmittel lässt sich diskutieren. Hilfsmittel sind, wie der Name sagt, nur Hilfsmittel. Sie sollten dem Hund nicht wichtiger werden als der Halter.

Sie kennen das auch?

In jeder Ihrer gefühlten 200 Jackentaschen oder der prall gefüllten, die Figur verschandelnden Bauchtasche befinden sich in mehreren Ausführungen Hilfsmittel à la Clicker, Targetstick, Dummy, Leckerlis und Ähnliches. Genau in dem Moment, in dem Sie eines dieser Hilfsmittel benötigen, finden Sie es nicht: Der Clicker ging beim letzten Spaziergang verloren, weil das schicke, neonfarbene Armband gerissen ist. Der Targetstick steckt gerade in einer anderen Jacke und der Dummy liegt in dem Fluss, in dem ihn der Hund vor zwei Tagen versenkt hat.

Meideverhalten bei Hilfsmitteln

Sehr schnell fiel mir bei Sunny auf, dass sie vor allem mit dem Clicker Probleme hatte. Immer wenn ich den Clicker in die Hand nahm, vergrößerte Sunny den Abstand zu mir. Sie zeigte eindeutig Meideverhalten, welches keine gute Basis für erfolgreiche Beziehungs- und Erziehungsarbeit ist. Über die Ratschläge, die ich damals bekam, muss ich heute wirklich schmunzeln. Ich sollte dann mit einem Kugelschreiber knipsen, der mache ja, wenn man hinten drauf drückt, ein ähnliches Geräusch, nur leiser. Oder ich solle in der Jackentasche clickern, das wäre gedämpfter.

Doch mein Entschluss stand fest: Nein, ich werde meinen Hund nicht „zwangsbeclickern".

Vor allem aber sah ich keinen großen Sinn darin, erst ein Hilfsmittel in die Hand nehmen zu müssen, um den Hund dazu zu bringen, ein Hörzeichen zu befolgen. Selbstverständlich muss der Hund belohnt werden, wenn er die an ihn gestellt Aufgabe erledigt hat. Belohnung gibt es aber erst nach Befolgen eines Hörzeichens. Schließlich steht ihr Chef im Büro auch nicht ständig vor ihrem Schreibtisch und wedelt mit Geldscheinen, um sie bei der Arbeit zu halten. Gehalt gibt's erst am Monatsende.

Kurz gefasst

- Hilfsmittel JA, aber nur wenn sie wirklich sinnvoll sind.
- Hilfsmittel müssen immer mitgeführt werden, um sie jederzeit einzusetzen.
- Zeigen Hunde bei Hilfsmitteln Meideverhalten, sind sie zu meiden.

Arbeit für die leere Hand

Mit meiner Sunny habe ich vor mehr als 20 Jahren noch eine klassische Hundeschule besucht. Auch wir liefen am Anfang mit schwer an meinen Schultern zerrendem Equipment durch die Landschaft. Das Hörzeichen „Fuß“ sollte aufgebaut werden, indem man dem Hund ein Leckerchen vor die Nase hielt und so an der linken Seite führte. So lernt der Hund zwar dem Futter zu folgen – was er aber eher nicht lernt, ist das Hörzeichen „Fuß“.

Den Hund nicht zum Erpresser machen

Immer wieder erlebe ich in meiner täglichen Praxisarbeit richtige kleine Erpresser. Ein Paradebeispiel für hochgradige Halter-Erpressung war Jessy, eine Tibet-Terrier-Hündin. Sie hat die schon angesprochene klassische „Leckerli-vor-die-Nase-Ausbildung“ genossen. Als ihre Halterin zu mir in die Hundeschule kam, befolgte Jessy kein Hörzeichen, wenn ihre Halterin keine in

Leckerchen vor die Nase hat für den Hund nur einen einzigen Lerneffekt: dem Futter zu folgen. Eigentlich sollte der Hund aber seinem Halter folgen und nicht einem Leckerbissen.

mundgerechte Häppchen geschnittene, leicht angebratene Putenbrust bereithielt. Jessy hat ihr Frauchen nicht nur beim Parathalten von Leckerlis erpresst, sondern sogar mit der Wertigkeit der Belohnung: Ohne Putenbrust in der Hand ging gar nichts. Solch ein Verhalten kann verhindert werden, wenn der Hund von Anfang an lernt, auch ohne vorherige Bestechung mit dem Halter zusammen zu arbeiten.

Bindungsarbeit ohne Hilfsmittel

Bei der Handtouch-Arbeit wird der Hund auf die leere, geöffnete Hand des Halters konditioniert. Dieser Hand soll der Hund später folgen und sich an ihr orientieren, beispielsweise bei der Leinenführigkeit. Die Hand muss zum „Magneten" für den Hund werden. Ein großer Vorteil ist, dass man die Hand immer dabei hat.

Ziel der Handtouch-Arbeit ist es, den Hund an den Körper des Halters zu binden. Frauchen oder Herrchen sind toller, interessanter, spannender und wichtiger als eins der gängigen Hilfsmittel. Das letztendlich wichtigste Ziel dieser Arbeit ist, dass der Hund lernt, auch die leere Hand „lohnt" sich. Der Halter hat nicht ständig eine Bestechung in der Hand, damit der Hund vielleicht mal darüber nachdenkt, ob er sich denn nun setzen soll oder nicht.

Besonders praktisch ist: Die Hand muss nicht wie andere Hilfsmittel langwierig wieder abgebaut werden. Die Hand ist sowieso immer dabei und kann jederzeit und überall sofort eingesetzt werden.

Auch Hunde im fortgeschrittenen Alter können diese Führungsweise noch erlernen. Da meine Hunde grundsätzlich aus dem Tierschutz kamen und kommen, sind bei uns nicht nur Welpen eingezogen. Juno war bei Einzug bereits 8,5 Jahre alt, Chestnut kam im Alter von 4,5 Jahren und Onxy mit 5,5 Jahren. Alle haben mit Begeisterung das Touch-Training mitgemacht und schnell gelernt, meiner leeren Hand zu folgen – egal, welchen Ausbildungsstand sie vorher hatten.

Auch für Kleinhunde geeignet

Halten Sie einen sogenannten Kleinhund, müssen Sie selbstverständlich nicht ständig in gebückter Position neben ihm herlaufen. Es genügt völlig, wenn Ihr Vierbeiner die Hand beim Loslaufen und beim Anhalten jeweils einmal toucht. Er muss während des Laufens auch nicht ständig mit der Nase an Ihrer Hand kleben. Lerneffekt nebenbei: Ihr Hund erlernt sofort, Blickkontakt zu halten, er muss bei dieser Führungsweise ja nach oben schauen.

Kurz gefasst

- Das ständige Parathalten von Leckerchen kann Hunde zu Erpressern machen.
- Der Hund soll eine Bindung zum Halter aufbauen, nicht zu einem Clicker.
- Der Hund soll lernen, dass sich auch die leere Hand für ihn lohnt.

ERSTE SCHRITTE MIT DEM WELPEN

Metchley kam im Alter von neun Wochen aus dem Tierschutz zu uns. Bereits am ersten Tag seines Einzuges begann ich das Handtouch-Training mit ihm – sofort und ohne die immer wieder propagierte 2-Wochen-Eingewöhnungsphase. Metchley sollte sofort und ohne Umwege lernen, sich an meiner leeren Hand zu orientieren.

Sofort mit dem Training beginnen

Ein Welpe gewöhnt sich rasend schnell an ein neues Umfeld. Er denkt nicht darüber nach, dass er jetzt einen Umzug hinter sich hat. Viel zu häufig werden menschliche Gefühle auf den Welpen übertragen. Ein einziger längerer Spaziergang durch sein neues Revier reicht in der Regel und der Welpe weiß, was so läuft.

Das Handtouch-Training ist körperlich nicht anstrengend, kann also den Babyknochen nicht schaden. Fangen Sie mit Ihrem Welpen sofort mit dem Training ab dem ersten Tag an, den er bei Ihnen ist. Je früher Sie mit der Bindungsarbeit beginnen, desto leichter wird die Erziehung in der Zukunft sein.

Heute im Alter von sechs Jahren ist Metchley mein „Powertoucher". Egal, in welcher Alltagssituation, er nimmt immer Blickkontakt mit mir auf, er fragt immer zuerst nach, wie es weiter geht und er „ertoucht" sich mit größter Begeisterung seine Mahlzeiten. Er hat von Anfang an gelernt: Frauchen fragen lohnt sich.

Schon der 9 Wochen alte Welpe sollte sofort lernen, dem Halter zu folgen, ohne dass dieser ein Hilfsmittel in der Hand hat.

ÜBUNG

Touch für Anfänger

Was Sie brauchen

- Ihre Hand
- Die Mahlzeit Ihres Welpen.
- Keine besonderen Futterbrocken wie Wurst oder Käse verwenden.
- Für alle Übungen, auch für die folgenden, brauchen Sie keine weiteren Hilfsmittel.

Übungsziel

- Der Welpe lernt spielerisch, dass es sich lohnt, für die leere Hand zu arbeiten und sich auf den Halter zu konzentrieren, auch wenn die Führungshand leer ist.
- Maximale Arbeitsdauer mit Welpen und Anfängerhunden: 10 Minuten

Machen Sie es sich mit Ihrem Welpen im Wohnzimmer bequem, im Sommer können Sie sich im Garten auf die Wiese setzen. Je früher Sie Ablenkungen einbauen, desto schneller lernt der Welpe sich in solchen Situationen auf Sie zu konzentrieren. Gehorsam und Beziehung, die nur zu Hause im Wohnzimmer funktioniert, ist nicht der richtige Weg für ein späteres harmonisches Zusammenleben im Alltag.

Sie haben das übliche Futter in einem Futterbeutel parat. Füttern Sie Ihren Welpen ausschließlich mit Nassfutter, füllen Sie dieses in eine im Handel erhältliche Futtertube. Wird der Hund roh ernährt, verwenden Sie klein geschnittene Fleischhappen oder Trockenfleischbrocken.

Haben Sie Geduld. Zwingen Sie Ihren Hund zu nichts. Er soll freudig mitarbeiten.

Geben Sie Ihrem Hund die Möglichkeit, selbst zu erkennen, was Sie von ihm möchten.

Ihr Welpe steht oder sitzt vor Ihnen. Nun bieten Sie Ihrem Welpen die leere Hand, seitlich an die Nase gehalten, an. Bitte halten Sie dem Hund die Hand nie vor die Augen. Erstens kann es passieren, dass Sie Ihren Welpen damit „wegdrücken", zweitens stört die so gehaltene Hand später beim Blickkontakttraining.

Ihr Welpe wird sich sehr schnell für die Hand interessieren und sobald er die Hand, anfangs vielleicht nur zufällig, mit der Nase berührt, bekommt er einen Futterbrocken. Der Welpe soll sich so seine komplette Mahlzeit „erarbeiten", indem er sich auf Sie konzentriert, mit seiner ganzen Aufmerksamkeit bei Ihnen bleibt und vor allem von Anfang an lernt, dass sich Arbeit auch für die leere Hand lohnt.

Sie bieten dem Welpen abwechselnd die rechte und linke Hand an. Verwenden Sie von Anfang an beide Seiten, also die linke und die rechte Hand. Immer wieder sehe ich verblüffte Halter, wenn sie feststellen, wie schnell der Hund versteht, um was es geht. Machen Sie für Ihren Welpen ein gemeinsames Spiel aus diesem Training: Das macht nicht nur dem Hund Spaß, sondern auch Ihnen.

Tipp, wenn's nicht klappt

Erfahrungsgemäß versteht der Hund recht schnell, um was es geht. Falls nicht, haben Sie Geduld. Unterbrechen Sie notfalls die Übung, versuchen Sie es einfach später noch einmal. Beenden Sie diese und die folgenden Übungen niemals mit einem negativen Gefühl für den Hund. Machen Sie ersatzweise eine Übung, die gut klappt, z. B. ein einfaches „Sitz" und belohnen Sie den Hund dafür. Touchen Sie bitte mit Ihrer Hand

Ihr Welpe wird sich sehr schnell für Ihre Hand interessieren und verstehen, um was es geht.

Nach kürzester Zeit läuft der Jack Russell freudig von Hand zu Hand.

Handfütterung festigt die Bindung, fördert Vertrauen und kann Futterneid oder Futterverteidigung, vor allem bei Mehrhundehaltung, von vorneherein verhindern.

keinesfalls die Nase des Hundes. Er wird sonst immer darauf warten, dass Sie ihm mit Ihrer Hand entgegenkommen.

Kurz gefasst

- Trainingsbeginn am ersten Tag im neuen Zuhause.
- Von Anfang an kleine Ablenkungen einbauen.
- Leere Hand seitlich neben die Nase des Hundes halten.
- Die Hand nicht vor die Augen des Hundes halten.
- Hund toucht abwechselnd die linke oder rechte leere Hand.

Handfütterung festigt die Bindung

Leider wird immer wieder propagiert, Handfütterung festige die Bindung nicht. Denkt man darüber logisch nach, zeichnet sich ein ganz anderes Bild. Der Zusammenhalt eines Wildhund- oder Wolfsrudels wird nicht nur durch Reproduktion oder soziale Interaktionen bestimmt. Vor allem die Jagd, also die gemeinsame Futterbeschaffung in Gruppenarbeit, stärkt und fördert die Bindung untereinander. Ein Wolf allein hätte wenig Chancen zu überleben.

Das Handtouch-Training nutzt diese angeborene Bereitschaft zur Teamarbeit aus: Ihr Hund erarbeitet sich gemeinsam mit Ihnen seine Mahlzeit. Das hat also nichts mit Nötigung oder Gängelung zu tun, Hunde arbeiten gerne mit uns zusammen. Sogar Hunde, die schlecht fressen, sind in den meisten Fällen gar nicht mehr „mäkelig“. Immer wieder zeigt mir diese Arbeit, sobald Hunde für ihre Mahlzeit etwas tun dürfen, wird auch Futter genommen, das vorher nicht interessant war.

Handfütterung ist eine der einfachsten und effektivsten Methoden, eine enge Bindung aufzubauen und für ein lebenslängliches harmonisches Miteinander zu sorgen. Ich rate allen Teilnehmern in meinen Welpenstunden zu Handfütterung für mindestens sechs Monate. Ich selbst füttere meine Hunde über das ganze erste Jahr, das sie bei mir sind, aus der Hand. Das mag etwas übertrieben sein, doch das Ergebnis überzeugt mich schon seit vielen Jahren. Meine Hunde haben eine enge Bindung zu mir, folgen mir unaufgefordert und achten während der Spaziergänge auf mich – ganz ohne ständiges Rufen.

Kurz gefasst

- Handfütterung festigt die Bindung.
- Handtouch-Training basiert auf der dem Hund angeborenen Bereitschaft zur Teamarbeit.
- Handfütterung hat nichts mit Gängelung des Hundes zu tun.

TOUCH-TRAINING FÜR HUNDESENIOREN

Immer wieder werde ich gefragt, ob das auch ein älterer Hund noch lernen kann. Inzwischen haben es mir unzählige Hundesenioren bewiesen.

Alte Hunde an den neuen Halter binden

Als Juno im Alter von 8,5 Jahren aus dem Tierschutz zu uns kam, war er in einem fürchterlichen Zustand, körperlich völlig verwahrlost, und psychisch auch durch jahrelange Zwingerhaltung verelendet. Seine Ohren waren so dick verdreckt, dass er taub war. Die Rute war zweimal gebrochen, dazu war er völlig unterernährt. In der ersten Woche, die er hier war, lag er nur apathisch da und starrte in die Luft. Er hatte sich schon lange aufgegeben.

Juno brauchte fast vier Monate, bis er sich einigermaßen erholt hatte. Fast alle Menschen in meinem Umfeld belächelten mich bei den ersten Versuchen, Juno dazu zu bringen, mir seine unendlich lange Nase in die Hand zu touchen. Er hatte noch nie in seinem Leben mit einem Menschen zusammengearbeitet.

Nach nur ein paar Tagen knuffte er mir mit größter Begeisterung seine Collienase in die Hand. Draußen folgte er innerhalb einer Woche zuverlässig meiner leeren Hand. Mit 9,5 Jahren erlernte er seine ersten Dog-Dance-Schritte. Juno hat trotz seines hohen Alters in kürzester Zeit eine enge Beziehung zu mir aufgebaut. Sogar zu einigen Tricks ließ er sich noch bewegen. Wir durften Juno noch weitere 2,5 Jahre behalten, in denen er es sogar schaffte, in den Dog-Dance-Kursen für Senioren- und Handicap-Hunde den Vortänzer zu machen. Der älteste Hund in einem meiner Kurse war Nero, ein Collie-Appenzeller-Mix, 17 Jahre alt. Nach einer Woche Kurs waren seine Halter völlig begeistert von ihrem Hunde-Opa. Nach jeder Übungsstunde verließ er mit einem „breiten Grinsen im Gesicht“ die Trainingshalle.

Trainieren Sie mit Ihrem alten Hund altersgemäß. Mein Metchley, inzwischen über 12 Jahre alt, hält das an sein Alter und seine körperlichen Möglichkeiten angepasste Training bis heute jung und fit.

Auch ein älterer Vierbeiner kann das Handtouch-Training, Dog Dancing und Tricksen noch lernen, ohne überlastet oder überfordert zu sein. Auffallend ist die oft unendliche Dankbarkeit von Hunden, die jahrelang vernachlässigt wurden, und jetzt endlich mit einem Menschen etwas gemeinsam erreichen. Was mir immer wieder beweist, Hunde fühlen sich nicht „erpresst“, wenn sie sich ihr Futter erarbeiten dürfen.

Kurz gefasst

- Das Einstiegsalter in das Touch-Training ist nicht wichtig.
- Auch alte Hunde können dieses Training absolvieren.
- Touch-Training kann von jedem Hund in jedem Alter und mit jedem Handicap bewältigt werden.

GENERALISIERUNG

GENERALISIERUNG DER LEEREN HAND

Unter Generalisierung versteht man, dass ein Hund auf einen bestimmten Reiz immer sofort die gleiche Reaktion zeigt. Ein Reiz löst sofort die Aktion aus.

Motivation durch Futter

Die Pawlowschen Experimente dürften den meisten Hundehaltern bekannt sein. Ivan Pawlow hat in Verbindung mit der Fütterung Hunde auf einen Glockenton konditioniert. Genauso, wie Pawlow seine Hunde auf diese Glocke konditioniert hat, auf die sie immer mit Speichelfluss reagierten, konditioniere ich meine Hunde auf meine leere Hand, auf die sie immer mit einem Toch reagieren. Beim Handtouch-Training ist meine Hand der Reiz und der Hund toucht sofort ohne Verzögerung meine Hand mit der Nase an.

Generalisiert ist der Handtouch dann, wenn Ihr Hund sofort versucht, Ihre leere Hand zu erreichen, egal, wohin Sie die Hand halten.

Mehrhundehaltung erfordert ein hohes Maß an Zuverlässigkeit und Sicherheit im Alltag. Hunde und Halter müssen sich dauerhaft aufeinander verlassen können.

„Der tut das doch nur wegen des Futters!" Natürlich toucht der Hund die Hand, um an das Futter zu gelangen. Sie arbeiten ja auch des Geldes wegen. Primäre Motivation für den Hund ist aber die Hand des Halters und nicht das vorgehaltene Leckerchen.

Futterbelohnung ist am effektivsten

Ich bin ein großer Verfechter der Futterbelohnung, da dies bei den meisten Hunden, die einfachste, beste und effektivste Belohnung ist. Meine Sunny fand Spielzeug, außer einem Plüschhasen, ziemlich langweilig. Ich konnte sie für Bälle oder anderes Wurfgerät überhaupt nicht begeistern.

Ich habe nur Hunde aus dem Tierschutz, die oftmals sehr tragische Geschichten hinter sich haben. Meine Colliehündin Queen beispielsweise ist die ersten sechs Monate ihres Lebens isoliert in einem Keller aufgewachsen. Sie hat Spielzeug nie kennengelernt und hatte eher Angst davor. Wurfbewegungen, also erhobene Hände über dem Kopf, versetzten sie in Panik. Für einen leckeren Happen war sie aber immer zu haben.

Wie immer, wenn der Hund etwas Neues lernen soll, ist beim Handtouch-Training am Anfang natürlich die Leckerchen-Belohnung nötig. Der Unterschied zum klassischen Training ist jedoch, dass die Hand von Anfang an leer ist. Der Hund wird NICHT mit dem Futter gelockt oder bestochen und nicht mit der Belohnung „an der Nase herumgeführt". Er bekommt seine Belohnung erst, wenn er seine Aufgabe „Handtouch" erledigt hat – niemals vorher.

Schlussendliches Ziel ist es, dass der Hund später der leeren Hand auch dann folgt, seine Konzentration auf den Halter bündelt und Blickkontakt hält, wenn nicht sofort, sondern erst später, eine Belohnung erfolgt.

Spielzeug kann Nachteile haben

Draußen auf Spaziergängen birgt Spielzeug weitere Nachteile: Einen schmutzigen Ball oder ein nasses Spieltau steckt man nicht gern in seine Jackentaschen. Spielzeug verführt dazu, es nicht gezielt als Belohnung einzusetzen, sondern als Dauerbeschäftigung, womit es den erwünschten Reiz verliert – genau wie das ständig in der Hand getragene Leckerchen beim klassischen Training. Außerdem soll der Hund eine Bindung zum Halter aufbauen und die entsteht nicht, wenn der Ball, also die Belohnung, in 15 bis 20 Metern Entfernung zum Halter die Bestätigung für den Hund sein soll (siehe auch „Übung macht den Meister", S. 34).

Ich habe immer eine Mahlzeit für meine Hunde auf unseren Spaziergängen dabei. Diese Mahlzeit wird zu unserem gemeinsamen Jagderfolg während kurzer Trainings- und Suchspieleinheiten auf unseren Spaziergängen.

Kurz gefasst

- Futter ist die einfachste und effektivste Belohnungsmethode.
- Futter findet in der kleinsten Tasche Platz.
- Es sind keine besonderen Leckerchen wie Wurst oder Käse notwendig, das normale Futter reicht völlig aus.

Erste kurze Führungswege

Handtouch-Training ist kinderleicht und kann ein wunderbares Kontaktspiel für Kind und Hund sein. Selbstverständlich immer unter Aufsicht eines Erwachsenen.

Hat Ihr Hund verstanden, um was es beim Handtouch-Training geht, d. h. er toucht zuverlässig sofort die offene leere Hand, dann bauen Sie erste Führungswege ein. Ganz bewusst werden die ersten Führungswege am Anfang kurz gehalten. Arbeiten Sie zu früh über zu große Distanzen, besteht die Gefahr, dass sich der Hund auf dem weiten Weg zu Ihnen von anderen Dingen ablenken lässt. Eine sauber aufgebaute Basis bildet die Grundlage für die spätere erfolgreiche Erziehung.

Die Basis muss sauber aufgebaut werden

Selbstverständlich haben Sie in der Hand, zu der der Hund gehen soll, niemals ein Leckerchen oder ein anderes Lockmittel. Geben Sie Ihrem Hund die Gelegenheit, selbst zu entscheiden, was er tun soll. Schieben oder ziehen Sie ihn keinesfalls von einer Seite auf die andere. Später soll sich der Hund ja auch im Freilauf an der angebotenen Hand orientieren, auch auf Distanz und vor allem ohne große Worte.

Für Welpen und Junghunde kann dieses Training zu einem lustigen Kontaktspiel werden. Ein Groenendael-Welpe, Sultan, damals 11 Wochen alt, hüpfte im Welpenkurs mit Begeisterung jeden Touch einzeln kommentierend von Hand zu Hand seiner Familie.

Touch-Training ist kinderleicht und dazu auch noch eine gute Arbeit, die Kinder mit dem Hund ausüben können. Das Kind bestimmt dabei die Regeln und der Respekt des Hundes dem Kind gegenüber wächst. Selbstverständlich arbeiten Kinder ausschließlich unter Aufsicht der Eltern mit einem Hund.

Kurz gefasst

- Eine sauber aufgebaute Basis schaffen.
- Am Anfang kurze Führungswege.
- Kein Leckerchen in der Hand.
- Der Hund soll selbst daraufkommen, was er tun soll.

ÜBUNG

Von Hand zu Hand

Übungsziel

- Der Hund geht auf die offene, leere Hand des Halters zu. Der Körper des Halters wird für den Hund interessanter als das Geschehen um ihn herum. Bei Frauchen/Herrchen ist immer was los.
- Maximale Arbeitsdauer mit Junghunden: 10 Minuten
- Maximale Arbeitsdauer mit erwachsenen Hunden: 15 Minuten

Sie machen es sich mit Ihrem Hund und seiner Mahlzeit im Garten bequem oder gehen mit Ihrem Hund auf eine Wiese. Nehmen Sie den Futternapf auf den Schoß, im Stehen füllen Sie die Mahlzeit des Hundes in einen Futterbeutel. Der Hund sollte bei diesem Trainingschritt vor Ihnen stehen.

Nun strecken Sie Ihren rechten Arm seitlich von sich weg, die Hand ist geöffnet und selbstverständlich leer. Nun warten Sie darauf, dass Ihr Hund vom Futter weg in Richtung Ihrer rechten Hand geht, um die Hand mit der Nase zu berühren. Hat Ihr Hund die Hand sauber getoucht und kommt er zurück in die Position vor Ihnen, bekommt er eine Futterbelohnung.

Ihr Hund soll bitte nicht bei der soeben getouchten Hand stehen bleiben. Er wird erst belohnt, wenn er wieder in die Front-Position zurückgekehrt ist. Die gleiche Übung machen Sie dann mit dem linken Arm.

Der Hund soll zügig zwischen den beiden Händen hin- und herlaufen.

Chestnut ist konzentriert bei der Sache und ignoriert alles um sich herum.

Vom Futter weggehen, ist schwer

Die größte Überwindung kostet es den Hund, zunächst vom Futter wegzugehen. Besonders schwierig wird das, wenn sich noch ein zweiter Hund in der Nähe befindet.

Diese Übung bildet die Basis für ein späteres zuverlässiges Zurückkommen des Hundes im Freilauf. Lernt Ihr Hund von Anfang an, auf Ihre Hand zu achten, können Sie ihn zukünftig auch ohne großes Geschrei nur mit der als Handzeichen konditionierten geöffneten Hand zu sich holen.

Achten Sie bitte darauf, dass Sie während des Trainings niemals beide Arme gleichzeitig ausgestreckt halten. Bei dieser Übung soll der Hund lernen, dass er, um einen Futterbrocken zu bekommen, erst mal vom Futter weggehen und dann wieder zurückkommen muss. Halten Sie beide Arme ausgesteckt, ist Ihr Hund sicherlich so schlau, bei dem Arm, bei dem er gerade steht, zu bleiben und den immer wieder zu touchen. Also immer nur einen Arm ausstrecken, der Hund soll ja zwischen den Händen hin- und herlaufen.

Tipp, wenn's nicht klappt

Strecken Sie Ihren Arm nicht vollständig aus. Arbeiten Sie über kurze Distanzen, bevor Sie auf die gesamte Armlänge hin arbeiten. Beenden Sie auch diese Übung immer mit einem positiven Erlebnis für den Hund.

Kurz gefasst

- Hund lernt, vom Futter wegzugehen.
- Immer nur einen Arm ausstrecken.
- Von Anfang an Ablenkungen einbauen.
- Bindung an die Hand und den Körper vom Halter, nicht an ein Hilfsmittel.

Arbeiten Sie am Anfang über kurze Distanzen. Funny muss das Hin- und Herlaufen erst erlernen.

ÜBUNG

Führung an der leeren Hand

Übungsziel

- Der Hund folgt der leeren Hand, egal, in welche Richtung Sie Ihre Hand bewegen.
- Maximale Arbeitsdauer mit Junghunden: 10 Minuten
- Maximale Arbeitsdauer mit erwachsenen Hunden: 15 Minuten

Klappt die vorangegangene Übung, das heißt, hat der Hund verstanden, dass er, bevor er einen Futterbrocken bekommt, von links nach rechts laufen soll, kommt der nächste Schritt. Bei der vorherigen Übung hat der Hund gelernt, dass es sich lohnt, auch auf leere Hände zuzugehen. Nun soll er lernen, Ihrer leeren Hand zu folgen, egal, in welche Richtung Sie diese bewegen. Dies ist die Basis für „Fuß laufen" und eine lockere Leinenführigkeit.

Bieten Sie Ihrem Hund die rechte Hand an, während er auf Ihrer linken Seite steht. Nun gehen Sie entweder ein paar Schritte nach vorn oder bewegen die Hand vor sich hin und her. Bitte die Hand am Anfang langsam bewegen. Ihr Hund soll nun den Bewegungen der Hand folgen. Bevor er einen Futterbrocken bekommt, muss er die Hand selbstverständlich erst wieder touchen.

Der Hund folgt der leeren Hand. Einziger Magnet für die Zukunft soll die leere Hand des Halters werden. Sam ist hochkonzentriert auf die Hand seiner Halterin und lässt sich nicht ablenken.

Der Touch ist immer die letzte Aktion des Hundes vor der Belohnung. Vereinfacht ausgedrückt ist dieses Touchen der Ersatz für andere, mechanische Hilfsmittel. Der große Vorteil vom Handtouch ist, dass Sie dieses Hilfsmittel immer zur Verfügung haben und der Hund eine echte Bindung zu Ihnen aufbaut.

Lassen Sie sich keinesfalls vom Hund dazu „überreden“, doch etwas in die Hand zu nehmen. Auch wenn Ihr Hund der Hand erst nicht folgt, bieten Sie ihm Ihre Hand immer wieder zum Touch an. Haben Sie Geduld! Vor allem ältere Hunde, bei denen bisher immer mit Leckerchen in der Hand gearbeitet wurde und die dieses Training noch nie absolviert haben, werden sich am Anfang schwertun zu begreifen, dass es sich nun auch ohne Futterbrocken in der Hand lohnt.

Ihr Hund muss während des Laufens NICHT mit der Nase an der Hand kleben. Kleinhunde würden sich damit auch schwertun. Er soll der Hand nur folgen und im Idealfall nach oben schauen. Der Touch am Ende der Übung ist jedoch Pflicht.

Tipp, wenn’s nicht klappt

Tritt die Situation ein, dass sich Ihr Hund von Ihnen abwendet oder weggeht, laufen Sie ihm bitte nicht nach. Packen Sie sein Futter ein und versuchen es später einfach noch mal. In der Praxisarbeit habe ich schon ein paar Mal erlebt, dass es Hunde gibt, die über das Training erst mal nachdenken müssen.

Lassen Sie sich nicht von ihrem Hund „überreden“, doch etwas in die Hand zu nehmen. Scarlett schaut auf diesem gestellten Bild auch nur den Futterbrocken an, nicht aber ihr Frauchen.

Konzentration unter Ablenkung

Bauen Sie auch in diesem Trainingsstadium schon Ablenkungen ein. Diese ersten Führungsübungen können Sie z. B. immer wieder in Ihre täglichen Spaziergänge integrieren. Ich persönlich habe auf den Spaziergängen immer eine Mahlzeit meiner Hunde dabei, die sie sich währenddessen über kleine Trainingseinheiten erarbeiten. Beobachtet man Hunde während des Spaziergangs, stellt man fest, dass sie immer wieder miteinander Kontakt aufnehmen. Entweder, um an einer interessanten Stelle gemeinsam zu schnüffeln „Was hast du denn da gefunden?" oder ein kleines Spiel MITeinander zu starten. Hunde nehmen untereinander immer wieder Blickkontakt auf, um gegebenenfalls auf eine Aktion des Gruppenpartners zu reagieren. Dieses, jedem Hund angeborene Verhalten, mache ich mir in der Erziehung zu nutze. Auch ich reagiere, wenn meine Hunde Blickkontakt zu mir aufnehmen, ich schenke ihnen Feedback, wenn sie meinen Kontakt suchen und da ich nicht mit meinen Hunden auf die „Jagd" gehen kann, ist die mitgenommene Mahlzeit unsere „Beute".

Ich finde es traurig und erschreckend, wenn ich immer häufiger Mensch-Hund-Teams sehe, die regelrecht aneinander vorbeilaufen. Der Halter hat sein Handy in der Hand, der Hund läuft frustriert an der Flexileine hinterher. So entsteht garantiert keine Beziehung und irgendwann wird der Hund auch keinen Sinn mehr darin sehen, Kontakt mit dem Halter aufzunehmen. Es lohnt sich ja nicht.

Jeden „Quatsch", den sich der Welpe in den ersten sechs Monaten angewöhnt, muss man durch langwierige Arbeit wieder ausbügeln. Darum lieber gleich eine ordentliche Basis aufbauen.

Die Welpenzeit ist schnell vorbei

Bedenken Sie, dass die Welpenzeit die kürzeste im Leben des Hundes ist. Wenn Sie Ihren Welpen zu sich geholt haben, haben Sie ein maximales Zeitfenster von drei Monaten. Alles, was sich der Welpe in den ersten sechs Monaten angewöhnt hat oder von Ihnen lernt, ist schwer wieder zu verändern.

Ist der Welpe sehr klein oder sind Sie Besitzer eines Kleinhundes, vermeiden Sie bitte, sich zu sehr über den Hund zu beugen. Das Darüberbeugen kann wieder wie ein Wegdrücken des Hundes wirken. In einer eventuell geplanten Begleithundeprüfung soll der Hund so eng wie möglich vor Ihnen sitzen. Wird der junge oder kleine Hund im Training zu oft weggedrückt, gewöhnt er sich daran – und ein Korrekturtraining ist immer langwieriger als ein von Anfang an sauberer Aufbau einer Übung.

Anerzogenes unerwünschtes Verhalten

Unerwünschtes Verhalten des Hundes ist in vielen Fällen anerzogen: Egal, ob es Leine ziehen, Anspringen von Menschen oder Verbellen von fremden Hunden ist. Sehr oft erlebe ich, dass Hundehalter ihren Hund zu spät korrigieren. Ein häufiges Problem ist zum Beispiel die sogenannte Leinenaggression. Im Freilauf ist der Hund verträglich und kennt die „Höflichkeitsfloskeln", die Hunde untereinander einhalten. Ist der Hund an der Leine, gebärdet er sich bei Hundebegegnungen wie ein kleiner Teufel. Dieses Verhalten hat nichts mit Aggression zu tun. Die Leine wird von vielen Haltern als Übertragungskabel von Stimmungen und Gefühlen unterschätzt. Der Hund an der Leine erledigt lediglich seinen Job und möchte Eindringlinge fern halten.

Ein häufig gemachter Fehler in solchen Situationen ist, dass der Hundehalter am anderen Ende der Leine zu spät auf das Verhalten des Hundes reagiert und nicht schon vorher agiert. Metchley hätte in seiner Pubertätsphase auch mit diesen Flausen angefangen. Doch habe ich ihm das von Anfang an nicht gestattet. Ich habe agiert, habe ihn also schon, bevor er angefangen hat zu bellen oder zu zerren, einkorrigiert: Entweder verbal mit freundlichen, aber bestimmten Worten, „keinen Ton", oder mit Touchen meiner Hand und Blickkontakt. Es kommt auch darauf an, wer uns gerade entgegenkommt. Touchen ist bei Metchley tief verwurzelt, also auch bei Begegnungen mit anderen Hunden an der Leine abrufbar.

Unbewusste Bestätigung, wie Ansprechen oder Streicheln, veranlassen den Hund, unerwünschtes Verhalten immer wieder zu zeigen.

Erst wenn Metchley konzentriert und sauber meine Hand getoucht hat, geht der Spaziergang weiter oder er darf frei spielen. Hätte Metchley nicht schon als Welpe gelernt, dass Touchen auch unter Ablenkung funktioniert, würde er es draußen nicht so zuverlässig zeigen.

Kurz gefasst

- Von Anfang an Ablenkungen in das Training einbauen.
- Während des Spaziergangs trainieren.
- Unerwünschtes Verhalten ist anerzogen.
- Der Halter soll agieren und nicht auf das Verhalten des Hundes reagieren.
- Vorausschauend Spazierengehen.

Dog-Dance-Schritte gegen Langeweile

Um das Training abwechslungsreicher zu gestalten, können Sie nun die ersten Grundschritte aus dem Dog Dancing einbauen (siehe Kapitel „Zusammenarbeit“). Der Slalom durch die Beine oder der Achter-um-die-Beine schaden auch dem noch nicht ausgewachsenen Knochenbau eines Welpen nicht. Die Methode ist die gleiche wie bei den ersten kurzen Führungswegen: Der Hund folgt einfach nur der geöffneten leeren Hand. Wichtig ist, dass der Hund die Hand erst touchen muss, danach erhält er einen Futterbrocken.

Leider wird die Bedeutung von Dog Dance und Trickarbeit noch immer maßlos unterschätzt. Es ist die einfachste und effektivste Arbeit, um Bindung, Vertrauen und eine Beziehung aufzubauen und zu verstärken. Dog Dance hat nichts mit „Zirkushund“ zu tun, Tricks sind nicht nutz- oder sinnlos. Das „Sitz“ ist für den Hund letztendlich nichts anderes als ein Trick. Elemente aus diesen Hundesportarten lassen sich in den Alltag einbauen und können sehr nützlich sein, etwa das Aufheben von heruntergefallenen Gegenständen oder das selbstständige Heben der Hinterpfoten beim Abtrocknen.

Der Hund muss bei diesen Sportarten immer MIT Ihnen zusammenarbeiten, er muss sich auf Ihre Kommandos und/oder Ihre Körpersprache konzentrieren. Eine auf gegenseitigem Vertrauen basierende Beziehung kann nur entstehen, wenn Sie etwas MIT Ihrem Hund zusammen tun. Wie in zwischenmenschlichen Beziehungen lebt man sich auseinander, wenn jeder immer nur sein Ding macht.

Vermeiden Sie Langeweile und variieren Sie die Übungen. Hunde wollen nicht ständig den gleichen Übungsablauf abspulen.

Keine Platzfixierung aufbauen

Trainieren Sie zu lange allein im Wohnzimmer oder immer auf dem gleichen Hundeplatz, geschieht genau das, was oft als „Platz-Fixierung“ bei Hunden bezeichnet wird. Solange der Hund auf dem Hundeplatz oder im Wohnzimmer ist, funktioniert alles wunderbar. Der Hund ist ein exzellenter Musterschüler, folgt, führt Hörzeichen zuverlässig aus, zieht nicht an der Leine usw.

Doch wehe, wenn sie losgelassen. Sobald ein so ortsfixierter Hund den gewohnten Platz verlässt, scheint das Gelernte wie ausgelöscht. Der Vierbeiner geht seine eigenen Wege, der Halter läuft, ständig den Namen des Hundes rufend, hinter ihm her. Das Hörzeichen „Hier“ ist dem Hund plötzlich völlig fremd und von „Sitz“ und „Bleib“ hat er noch nie etwas gehört. Vermeiden Sie solch eine Entwicklung von Anfang an, um späteren Problemen vorzubeugen.

Verlegen Sie die Handtouch-Übungen so schnell wie möglich nach draußen in den Alltag. Lernt der Welpe von Anfang an, sich auch im Straßenverkehr, auf Rad- und Wanderwegen auf Sie zu konzentrieren, wird die spätere Arbeit wesentlich erleichtert.

Nutzen Sie den natürlichen Folgetrieb eines Welpen aus. Der Welpe wird gewissenhaft darauf achten, Sie nicht zu verlieren und wird mit großer Freude immer wieder körperlichen Kontakt über Ihre Hand zu Ihnen aufnehmen. Fängt man erst mit einem pubertierenden Junghund an zu trainieren, gestaltet sich so manche Konditionierung wesentlich langwieriger.

Auf dem Hundeplatz ist er ein Musterschüler, im Alltag geht er seine eigenen Wege. Der Halter ist draußen unwichtig.

Kurz gefasst

- Abwechslung mit ersten Dog-Dance-Übungen einbauen.
- Keine Platzfixierung aufbauen.
- Angeborenen Folgetrieb des Welpen nutzen.

Die Hand als Magnet

Mit diesen Übungen legen Sie den Grundstein dazu, Ihre Hand zum „Magneten“ für den Hund aufzubauen. Sinn und Zweck der Übungen ist es, dem Hund zu vermitteln, dass er Ihrer leeren Hand folgt, egal, wohin sie gehalten wird. Der Hund soll mit dem Kopf und mit seiner Nase bei Ihnen bleiben, sich auf Sie konzentrieren: eben wie von einem Magneten angezogen.

Einem Hund, der gelernt hat, immer wieder von alleine Kontakt zum Halter aufzunehmen und „Rückfragen“ zu stellen, kann man mehr Freiheiten gönnen. Selbstredend muss es sich für ihn auch lohnen, wenn er mit seinem Menschen in eine Interaktion treten möchte. In einem solchen Moment sollten Sie sich also Ihrem Hund widmen und sich nicht von Handy oder anderen Dingen ablenken lassen. Schenken Sie ihm Aufmerksamkeit in Form eines kleinen Spielchens, kurzen Dog-Dance-Übungen, einem Trick oder einfach nur einem kleinen Leckerchen. Unsere Hunde haben sich diese Wertschätzung verdient.

Übung macht den Meister

Variieren Sie die Übungen, die bisher beschrieben wurden, und trainieren Sie immer mal wieder kurze Einheiten während des Spaziergangs.

Der Handtouch soll ja später eine praktische Hilfe vor allem während der Freilauf-Phasen des Hundes werden. Um den Handtouch noch mehr zu verfestigen, soll Ihr Hund ab sofort immer, wenn etwas Tolles für ihn folgt, zuerst

Die leere Hand wird zum Magnet. Ist der Touch verfestigt, wird Ihr Hund den Touch gerne und überall von selbst ausführen.

Ihre Hand touchen, z. B. bevor Sie ihm das Brustgeschirr oder Halsband für den Spaziergang anlegen, bevor Sie ein Spiel mit ihm beginnen oder auch während des Spiels.

Kurz gefasst

- Die Hand ist ein Magnet für den Hund.
- Der Hund soll vor jeder positiven Aktion die Hand touchen.
- Die Hand ist immer leer.
- Der Hund soll auch im Freilauf immer wieder von allein Kontakt aufnehmen.

Belohnung für den Handtouch kann auch ein Spielzeug sein, z. B. wenn der Hund aus gesundheitlichen Gründen, wie Verdauungsproblemen, nur bestimmtes Futter bekommen darf. Achten Sie nur bitte darauf, dass die Spielzeugbelohnung an Ihrem Körper erfolgt. Der Hund sollte nicht mit dem Spielzeug weg laufen können oder es erst in einer großen Entfernung zum Halter erreichen. Der Halter soll Bezugs- und Beziehungspunkt werden – nicht das Spieltau.

Alle meine Hunde nehmen während des Spaziergangs immer wieder von allein Kontakt zu mir auf. Auch wenn sie im Freilauf mal einige Meter vor mir sind, drehen sie hin und wieder ohne Aufforderung um und stupsen zwischendurch meine Hand an. Wurde das Touch-Training sauber aufgebaut, ist die Rassezugehörigkeit des Hundes egal. Ein so trainierter Hund wird Kontakt zu seinen Menschen halten.
Meine Hunde achten darauf, wo ich hingehe, folgen mir von allein, ohne dass ich ständig akustischen Kontakt mit ihnen halten muss. Zurückrufen muss ich meine Hunde nur, wenn Situationen auftreten, in denen ich sie schnell bei mir brauche, z. B. wenn Jogger, Radfahrer oder Personen mit uns unbekannten Hunden auf uns zukommen.

Der Hund soll sich mit dem Spielzeug nicht vom Halter entfernen. Die Bestätigung des Hundes muss eng am Körper des Halters erfolgen.

ERZIEHUNG

DIE HAND ALS EINZIGES HILFSMITTEL

Erziehung ist mehr als „Sitz“, „Platz“ und „Fuß“. Gut erzogene Hunde kann man überall mit hinnehmen. Erziehung hat sehr viel mit Beziehung zu tun.

Hilfsmittel nicht immer hilfreich

Die meisten Hunde beherrschen die Grundkommandos wie „Sitz“, „Platz“ und „Fuß“ nicht wirklich. Klingt komisch, ist aber so. Machen Sie mal einen Test: Stellen Sie sich vor Ihren Hund, stecken Sie die Hände in die Jacken- oder Hosentaschen, achten Sie bewusst darauf, dass Sie dem Hund keine anderen Körpersignale vermitteln und sagen Sie „Sitz“. Setzt sich Ihr Hund ausschließlich auf das Hörzeichen unverzüglich hin, dann beherrscht Ihr Hund das Hörzeichen „Sitz“.

Wie schon erwähnt, ist es in den meisten Hundeschulen üblich, dass z. B. das Hörzeichen „Fuß“ mit einem Leckerchen vor der Nase erarbeitet wird. Meist werden dann so unwiderstehliche Delikatessen wie Würstchen oder Käse verwendet. Der Hund hat nun nur gelernt, diesen Leckereien zu folgen.

Einziges Hilfsmittel beim Touch-Training ist die Hand des Halters. So muss sich der Hund auf die Bewegungen des Halters konzentrieren und ist nicht vom Hilfsmittel in der Hand abgelenkt.

Hält der Halter kein Leckerchen in der Hand, folgt der Hund der Hand auch nicht – er tut meist gar nichts. Der kleine Schlauberger weiß genau: „Wenn ich lange genug warte, hält mir Frauchen/Herrchen wieder was vor die Nase.“ Hunde wissen sehr gut, wie sie sich durchsetzen können. Vor allem haben sie eindeutig mehr Geduld und eine erstaunliche, bewundernswerte Ausdauer.

Andere Hilfsmittel haben oft den gleichen Effekt wie Leckerchen vor der Nase. Eine Bekannte von mir clickert ihre beiden Hunde seit sechs Jahren. Über den Click sollten ihre Hunde lernen, sich an der Leine nicht auf andere Hunde zu stürzen. Meine Bekannte ist fest davon überzeugt, dass der Click hier die einzige Lösungsmöglichkeit ist. Warum aber stürzen sich ihre Hunde nach sechs Jahren Training noch immer auf andere angeleinte Hunde?

Weil sie ihre Hunde in den meisten Fällen genau in dem Moment clickert, wenn der Terror losgeht. Sie hat mit diesem Training also genau das Gegenteil erreicht: Sie bestätigt mit dem Click ihre Hunde für das Nach-vorne-Gehen, nach dem Click folgt immer ein Leckerchen, also eine Belohnung für das Verhalten, das sie eigentlich nicht will.

Hätten ihre Hunde eine Bindung zu ihr und zu ihrer Hand, hätten sie gelernt, sich auf ihre Halterin zu konzentrieren, wäre die Problemlösung schneller vorangegangen. Handtouch-Training, sauber aufgebaut, kann Hunde von unerwünschtem Verhalten positiv ablenken und so eine schnelle Verbesserung des Benehmens fördern.

Bitte verstehen Sie mich nicht falsch: Ich bin kein Gegner von Clicker und positiven Hilfsmitteln! Leider werden diese jedoch häufig falsch eingesetzt

Trotz starker Ablenkung eines anderen Hundes bleibt Corona konzentriert an der Hand ihres Frauchens. Corona hält zuverlässig Blickkontakt, auch wenn der kleine Hund um sie herumsaust.

und können so eine kritische Situation eher verschärfen als verbessern.

Kurz gefasst

- Die Hand soll zum einzigen Hilfsmittel bei der Erziehung werden.
- Hilfsmittel wie Clicker und Co. haben den gleichen Effekt wie ein Leckerchen in der Hand.
- Der Hund soll eine Bindung und Beziehung zum Halter aufbauen.

Leineziehen ist anerzogenes Verhalten

Meine Hunde haben nie an der Leine gezogen. Ich habe es ihnen von Anfang anders beigebracht. Leineziehen ist erlerntes Verhalten und je länger es besteht, desto schwieriger ist es, dem Hund das Ziehen wieder abzugewöhnen. Natürlich habe ich keine Wunder-Hunde, auch meine gehen an der Leine angesichts einer Katze schon mal auf Spannung. Mein 35 Kilogramm schwerer Amerikanischer-Collie-Rüde wäre durchaus „umwerfend" für mich, würde er sich mit vollem Gewicht in die Leine werfen. Er ist sich dessen aber nicht bewusst. Ich habe ihn niemals auf die „Idee" kommen lassen, dass er mich in die von ihm gewünschte Richtung ziehen kann.

Labrador Retriever Big Boy hat das Leineziehen in Perfektion erlernt. Schon als Welpe durfte er an der Leine seiner Wege gehen – Herrchen, verliebt grinsend, dem nett wippenden Welpen-Popo folgend, ging hinterher. So wurde der Grundstein zu einem virtuosen Leinezieher gelegt.

Der Junghund Big Boy hat, im Alter von 10 Monaten und mit fast 30 kg, nicht verstanden, warum es nun an der Leine nicht mehr in seiner Geschwindigkeit und in seine Richtung gehen sollte. Sein Frauchen kann Big Boy überhaupt nicht halten und Herrchen, der ihm das Ziehen beigebracht hat, geht inzwischen nur noch die Runden, die unbedingt nötig sind. Ansonsten wird Big Boy im Garten verwahrt.

Derartiges Ziehen an der Leine, ist nicht nur unangenehm für den Halter, sondern auch ungesund für den Hund.

Kurz gefasst

- Leineziehen ist erlerntes Verhalten.
- Leineziehen darf sich nicht lohnen.
- Der Welpe darf von Anfang an niemals ziehen.
- Konsequentes Vermeiden von Ziehen schon beim Welpen durchsetzen.

ÜBUNG

Laufen an der lockeren Leine

Übungsziel

- Der Hund lernt, sich an der Leine an der Hand des Halters zu orientieren und die mit der Hand vorgegebene Position einzuhalten.
- Maximale Arbeitsdauer mit Junghunden: 10 Minuten
- Maximale Arbeitsdauer mit erwachsenen Hunden: 15 Minuten

Um sicheres Laufen an lockerer Leine zu erreichen, darf schon der Welpe nicht auf die Idee kommen, dass sich das Ziehen „lohnt“ und er so an sein gewünschtes Ziel gelangt. Auch Schnüffeln, das „hündische Zeitung lesen“, ist eine Belohnung für den Hund und macht Leineziehen zum Erfolg. Schnüffeln ja, aber bitte an lockerer Leine.

Leinen Sie Ihren Hund an. In einem Futterbeutel oder Ihrer Jackentasche haben Sie die Mahlzeit des Hundes dabei. Gehen Sie auch für diese Übung so schnell wie möglich auf die Straße. Im Garten oder auf dem Hundeplatz geht der rüpelhafteste Leinezieher brav an der Seite des Halters – ist ja auch sonst nichts Interessantes los auf so einem Hundeplatz.

Ihr Hund sollte an lockerer Leine an Ihrer linken Seite stehen. Nun bieten Sie dem Hund die rechte Hand an. Gehen Sie am Anfang zwei oder drei Schritte, dann darf Ihr Hund die Hand touchen, wofür er seine Belohnung erhält.

Gehen Sie wieder ein paar Schritte, es folgen Touch und Belohnung. An der Leine zu gehen ist für Hunde in der Regel recht langweilig. Machen Sie es Ihrem Hund lohnender und spannender, locker neben Ihnen zu laufen. Wie am Beginn des Touch-Trainings, machen Sie aus den Übungen ein gemeinsames Spiel!

Arbeiten Sie nicht länger als 10 Minuten mit Welpen oder 15 Minuten mit ausgewachsenen Hunden. Danach sollte der Hund entweder wieder Freilauf haben, bei Welpen ganz wichtig, oder er soll an langer, lockerer Leine die Nachrichten seiner Kumpels erforschen dürfen.

Vermeiden Sie bitte unbedingt, dass Sie selbst an der Leine ziehen. An motorische Einwirkungen des Halters mit der Leine kann der Hund sich gewöhnen und er wird später immer auf diese motorische Einwirkung warten, da er denkt, sie gehört dazu.

Tipp, wenn's nicht klappt

Lässt sich Ihr Hund so überhaupt nicht davon überzeugen, an der Hand an lockerer Leine laufen, unterbrechen Sie die Übung und spielen Sie mit Ihrem Hund erst ein ausgelassenes Spiel. Dann machen Sie ein paar Minuten die vorher beschriebenen Touch-Übungen, bevor Sie wieder mit dem Leinentraining beginnen. Dieser Tipp gilt für alle weiteren Leinenübungen.

ÜBUNG

Leinegehen variabel gestalten

Übungsziel

> Leinegehen spannend gestalten.
> Maximale Arbeitsdauer mit Junghunden: 10 Minuten
> Maximale Arbeitsdauer mit erwachsenen Hunden: 15 Minuten

Um die Übungen zu variieren, suchen Sie sich Slalom-Strecken.

Das können mehrere Bäume, Begrenzungspfosten und Begrenzungssteine oder Arkaden-Säulen sein. Gehen Sie den Slalom am Anfang langsam und achten Sie darauf, dass Sie Ihrem Hund nicht auf die Pfoten treten.

Die Körperleine verhindert, dass der Halter unbewusst über die Leine auf den Hund einwirkt.

Ich arbeite diese Übungen sehr gerne mit der Körperleine. Das heißt, ich hänge mir die Leine über die rechte Schulter, sodass der Karabiner auf der linken Seite nach unten hängt. So hat man als Halter den Hund gut unter Kontrolle und kommt gar nicht in Versuchung, an der Leine zu zupfen.

Ausnahmen für die Körperleine: Die Körperleine wende ich selbstverständlich nicht an, wenn der Unterschied des Körpergewichts zwischen Hund und Halter sehr groß ist. 50 kg Hunde können auch einen stattlichen Mann leicht umziehen.

Tipp, wenn's nicht klappt

Möchte Ihr Hund nach vorn oder seitlich ziehen, holen Sie den Hund mit der Handtouch-Methode aus Kapitel 2 wieder zu sich zurück.

Vor allem aber sagen Sie nicht ständig den Namen des Hundes. Ich habe so viele Hunde kennengelernt, die von ihrem Namen nur noch genervt waren. Seinen Namen kennt der Hund spätestens nach drei Tagen und ein paar feinen Futterbrocken. Stellen Sie sich vor, Ihr Mann, Ihre Frau steht hinter Ihnen und ruft ständig Ihren Namen. Wenn Sie unbedingt etwas sagen wollen, verwenden Sie bitte ein nützliches Hörzeichen wie „Hier“, „Komm“ oder „Fuß“, denn das soll der Hund später sowieso lernen.

Kurz gefasst

- Auch seitliches Ziehen ist Leine ziehen.
- Verwenden Sie für die Korrekturen keine Worte, der Hund soll nur der Hand folgen.
- Rufen Sie nicht ständig den Namen des Hundes.

Über die Belohnung hinaus arbeiten

Hunde lernen wirklich schnell, am schnellsten genau das, was Sie eigentlich nicht lernen sollen. So erlebe ich immer wieder, dass der Hund zwar schön am Fuß läuft, sich aber, sobald er seine Belohnung erhalten hat, sofort aus der Fußposition löst und anderen, interessanteren Dingen widmet. Schließlich hat der Hund gelernt, wenn er das Leckerchen bekommen hat, ist die Übung beendet.

Ganz einfach entgegenwirken kann man diesem Verhalten, indem man nach der Belohnung einfach noch zwei oder drei Schritte mit dem Hund in der Fußposition läuft. Jeder Agility-Sportler lernt, sich nach der letzten Hürde am Parcourende noch eine weitere Hürde vorzustellen. So hält man bei Agility-Prüfungen die Konzentration und macht weniger Fehler bei der Schlusshürde. Genau diese Vorgehensweise mache ich mir beim Fußlaufen zunutze: Nach der Belohnung einfach den Hund noch ein paar Sekunden in der Konzentration halten und erst dann frei geben.

Leineziehen wieder abtrainieren

Geht nicht? Doch, bei wirklich konsequentem Training ist das möglich.

Leider erlebe ich oft, dass Halter mit ihren Hunden erst dann in die Hundeschule kommen, wenn der Leidensdruck sehr hoch ist. Häufig sind diese notorischen Leinezieher-Hunde, mit denen ausschließlich auf Hundeplätzen gearbeitet wurde, noch dazu mit der guten alten Leckerchen-vor-die-Nase-Methode erzogen worden.

Viel Arbeit, aber es lohnt sich

Auf dem Hundeplatz geht der Hund perfekt an der Leine, dort kennt er ja auch alles. Kaum kommen neue Reize dazu, wie z. B. Radfahrer, Passanten oder die neueste Hunde-Schlagzeile am Laternen-Mast, mutiert der Hund an der Leine zum „Zugochsen". An lockerer Leine zu laufen, wurde im Alltag nie wirklich trainiert.

Lucy, eine 3-jährige Bretonen-Hündin, auch „das Erdmännchen" genannt, weil sie, wenn es ihr nicht schnell genug ging, auch schon mal auf zwei Beinen vorne in der Leine hing, hat es nach konsequentem Touch-Training gelernt, an lockerer Leine zu laufen.

Dieses Training ist wichtig, weil das Leineziehen der Halswirbelsäule erheblichen Schaden zufügen kann. Auch das Ziehen im Brustgeschirr kann körperliche Schäden nach sich ziehen – weniger für den Hund, aber für den Menschenarm, der da mit an der Leine hängt.

Kurz gefasst

- Der typische Leinezieh-Hund entsteht meist auf Hundeplätzen.
- Auf geschlossenen Hundeplätzen gibt es wenig bis keine alltäglichen Reize.
- An lockerer Leine zu gehen, wurde nicht im Alltag trainiert.

Die Übung auf S. 16 konnte die Halterin zu Hause eintrainieren. Diese Übungen hat unsere Beispiel-Hündin Lucy nach nur zwei Wochen perfekt ausgeführt. Bereits in diesem Trainingsstadium wurde die Bindung enger, die Aufmerksamkeit von Lucy größer.

Die Übungen auf S. 26 und 28 haben wir uns gemeinsam in vielen Alltagssituationen erarbeitet. Wir sind mit Lucy sofort in eine Gegend mit Ablenkung gegangen. Sie sollte nach drei Jahren ziehen endlich lernen, auch auf der Straße ordentlich an der Leine zu laufen, nicht nur auf dem Hundeplatz oder im Garten. Natürlich gab es am Anfang so manchen Rückschlag. Dank Lucys fleißigem und konsequentem Frauchen besserte sich Lucys Verhalten schnell.

Mit Geduld zum Erfolg

Haben Sie Geduld. Sie können nicht erwarten, dass ein Hund der drei Jahre mit Erfolg an der Leine gezogen hat, dieses nach drei Wochen sein lässt. Die Abgewöhnung des Ziehens kann lange dauern und erfordert viel Zeit und noch mehr Konsequenz. Nach über 15 Jahren Hundeschule fiel mir auf, dass das Abtrainieren von Fehlverhalten oft genauso viel Zeit erfordert, wie der Hund gebraucht hat, um es sich anzueignen. Darum ist es von größter Wichtigkeit, unerwünschtes Verhalten gar nicht erst aufkommen zu lassen oder es eben so schnell wie möglich abzutrainieren.

So sollte es sein: Leine locker und MITeinander gehen. Der Hund muss auch schnüffeln dürfen. Solange dies an lockerer Leine geschieht, ist nichts dagegen einzuwenden.

Auf den Hund konzentrieren

Leider sehe ich in der Praxis häufig ziemlich unkonzentrierte Hundehalter. Wenn ich mit meinen Hunden in der Öffentlichkeit trainiert habe, waren mir andere Leute nicht wichtig. Glauben Sie mir, man wird mit einer „Baby-Lassie" an der Leine häufiger angesprochen als außerhalb des Karnevals in einem Clowns-Kostüm.

So unhöflich es manchem Mitmenschen erschien, ich musste sie ignorieren. Im Training ist nur der Hund wichtig. Ich verlange von meinem Hund, dass er sich auf mich konzentriert, deshalb muss sich im Training der Halter auch ausschließlich auf seinen Hund konzentrieren. Ich nenne es „mit-dem-Kopf-beim-Hund-bleiben". Einen Tratsch kann man halten, wenn der Hund dann ordentlich an der Leine laufen gelernt hat.

Kurz gefasst

- Bleiben Sie mit Ihrer Konzentration bei Ihrem Hund, lassen auch Sie sich nicht ablenken.
- Ignorieren Sie während des Trainings Unterhaltungsangebote von anderen Personen.
- Von Ihrem Hund erwarten Sie auch volle Konzentration während des Trainings.

Straßen mit Handtouch sicher bewältigen

So manches Mal hab ich wirklich Bauchweh, wenn ich Hundehalter mit ihren Hunden an der Straße stehen sehe. Der Halter muss stehen bleiben, weil viel Verkehr und/oder kein Zebrastreifen vorhanden ist. Die Warterei wird für den Vierbeiner sehr schnell langweilig. Er beginnt mit „Leinen-Makramee-Arbeiten" um die Beine des Halters oder beschäftigt sich mit der Duft-Nachricht, die der letzte gelangweilte Hund neben der Straße hinterlassen hat. Der Halter ist ständig damit beschäftigt, seinen Hund und sich wieder aus der Leine zu wickeln, oder den Hund in eine sichere Position zu zerren.

Haben Sie mit Ihrem Hund die Übung auf S. 16 sorgfältig aufgebaut, wird sich Ihr Hund auch an Straßen gern und zuverlässig an Ihrer Hand orientieren. Sie müssen nicht ständig darauf achten, was Ihr Hund macht, da dieser ja an Ihrer Hand „klebt". Es bleibt genügend Zeit, dass Sie sich auf das Wesentliche, nämlich den Straßenverkehr konzentrieren können und die Straße mit Ihrem Hund an Ihrer Hand sicher überqueren können.

ÜBUNG

„Fuß“ auch ohne Leine

Übungsziel

- Der Hund lernt, in der Fußposition zu laufen und in dieser Position zu bleiben.
- Maximale Arbeitsdauer mit Junghunden: 10 Minuten
- Maximale Arbeitsdauer mit erwachsenen Hunden: 15 Minuten

Ihr Hund steht an Ihrer linken Seite. Nun bieten Sie ihm Ihre offene, leere rechte Hand zum Touch an. Im Gegensatz zum Dog Dance, bei dem dem Hund immer die Hand angeboten wird, auf deren Seite er läuft, arbeiten Sie bei diesem Training mit der entgegengesetzten Hand. So ist es später für eventuelle Prüfungen einfacher, die Hand als Führung wieder abzubauen.

Der Hund sollte die Hand vor dem Loslaufen einmal touchen, wofür er eine Belohnung erhält. Dann gehen Sie die ersten Schritte in der Fußposition mit Ihrem Hund, wobei Ihr Hund sich auf Ihre Hand konzentrieren soll. Machen Sie am Anfang nicht zu viele Schritte. Auch hier gilt, eine sauber und langsam aufgebaute Basis ist wichtiger als sofort 50 Meter weit am Fuß zu laufen. Je mehr sich eine korrekte Arbeit für den Hund lohnt, desto schneller wird er lernen, was er zu tun hat.

Falls Ihr Hund nach vorn drängen sollte, korrigieren Sie ihn mit Ihrer rechten Hand wieder in die Position, in der Sie ihn haben möchten. Geben Sie Ihrem Hund die Möglichkeit, sich selbst wieder auszurichten und vermeiden Sie zu viele mechanische Einwirkungen mit der Leine. Ein Hund, der häufig über Leineneinwirkung korrigiert wird, wird später regelrecht auf diese Einwirkungen warten, da er denkt, die gehören dazu.

Ist Ihr Hund ein paar Schritte in der korrekten Fußposition gelaufen, toucht er wieder die rechte Hand und bekommt dafür eine Belohnung.

Corona hat das Hörzeichen Fuß ohne Leckerchen vor der Nase gelernt. Sie bleibt ohne Bestechung in der gewünschten Position.

Tipp, wenn's nicht klappt

Verringern Sie die Ablenkungen. Üben Sie im Garten oder in einer ruhigen Gegend ohne viel Verkehr.

ÜBUNG

Sicher über die Straße

Übungsziel

- Der Hund lernt, sich an der Straße ruhig zu verhalten, zuverlässig neben dem Halter zu stehen oder zu sitzen.
- Maximale Arbeitsdauer mit Junghunden: 10 Minuten
- Maximale Arbeitsdauer mit erwachsenen Hunden: 15 Minuten

Gehen Sie für die Straßenübung an eine wenig befahrene Straße und überqueren Sie diese einfach öfter. Stellen Sie sich bitte nicht sofort an eine stark frequentierte Hauptstraße. Ihr Hund hat ja noch keine Ahnung davon, was Sie von ihm möchten. Achten Sie darauf, dass die Leine nie länger ist als der Abstand zur Straße.

Mit der Hand Grenzen setzen

Die Hand setzt dem Hund an der Straße eine gefühlte Grenze, die er nicht übertreten sollte. Wurde die Basis gut aufgebaut, wird Ihr Hund diese Grenze akzeptieren und an der Straße nicht vorstürmen. Das gleiche gilt beispielsweise auch an Treppen.

Tipp, wenn's nicht klappt

Haben Sie keine Scheu, Autofahrer, die stehen bleiben, um Sie über die Straße zu lassen, weiterzuwinken. Am Beginn des Trainings kann jede kleine Inkonsequenz eine lange Korrekturarbeit nach sich ziehen.

Der Hund nimmt an der Straße ohne Aufforderung Blickkontakt zum Halter auf.

Beim Überqueren der Straße orientiert sich der Hund an der Hand des Halters.

BEZIEHUNG

BEZIEHUNG DURCH BINDUNG

Viele Hundehalter, die zu mir kommen, glauben, sie haben eine Beziehung zu ihrem Hund, weil er die Hörzeichen mehr oder weniger zuverlässig ausführt und abends zum Kuscheln auf die Couch kommt.

Beziehung bedeutet Respekt und Achtung

Eine Beziehung unter Lebewesen besteht dann, wenn alle Beteiligten innerhalb dieser Beziehung aufeinander achten. Das sollte innerhalb menschlicher Beziehungen selbstverständlich sein: Achtet mein Partner nicht mehr auf mich, zweifle ich unsere Beziehung an. Achtet ein Hund nicht auf seinen Halter, sollte dieser die Beziehung ebenfalls anzweifeln.

Kuscheln ist nicht gleich Beziehung

Vor allem gemeinsames Kuscheln wird als Bindung und Beziehung gedeutet, dabei ist es vom Hund eigentlich nur eigennütziges Verhalten. Bitte verstehen Sie das nicht falsch: Sie sollen und müssen Ihren Hund kuscheln und ihn lieb haben, doch hat Kuscheln nichts mit Bindung und Beziehung zu tun. Einem Hund, der gerne engen Körperkontakt mit Menschen hat, ist es letztendlich egal, wer ihn nach einem kalten Winterspaziergang aufwärmt.

Beziehung heißt, Respekt voreinander zu haben. Bedürfnisse des Partners werden geachtet. Es sollte jedoch nicht nur der Mensch vor dem Hund Respekt haben, auch der Hund sollte höflich zu seinem Halter sein.

Dazu würden mir unendlich viele Geschichten einfallen: Geschichten von Kuschelhunden, die sich draußen beim Spazierengehen in selbstständig jagende „Sofawölfe“ verwandeln, Geschichten von erfolgreichen Obedience-Sport-Hunden, die beim Anblick von Radfahrern außerhalb des Hundeplatzes völlig die Fassung verlieren, obwohl Frauchen/Herrchen ständig Hörzeichen brüllen. Auffallend viele sportlich geführte Hunde zeigen solch ein Verhalten. Eigentlich ist Hundesport dafür da, die Bindung und Beziehung von Hund und Halter zu fördern und zu festigen. Auf einem begrenzten Agility-Parcour funktioniert das erstaunlicherweise in den meisten Fällen. Bewegen sich diese Mensch-Hund-Teams im Alltag, sieht es leider oft ganz anders aus.

Unangenehm sind auch die mehr oder weniger gut erzogenen Familienhunde, deren Halter ständig damit beschäftigt sind, dem Hund nachzurufen oder nachzulaufen. Am unerfreulichsten empfinde ich jedoch die Hunde, die losstürmen, wenn sie von der Leine gelassen, ihre eigenen Wege gehen, meilenweit außerhalb der Einwirkung des Halters, ohne Beziehung oder Bindung.

Diese Hunde haben nie gelernt, eine wahre Beziehung und Bindung zu ihrem Halter aufzubauen. Schade, denn eigentlich binden sich Hunde sehr gern. Deshalb achten Sie von Anfang an darauf, dass Ihr Hund eine echte, enge Beziehung zu Ihnen aufbaut. Das Touch-Training kann Ihnen dabei hervorragend helfen.

Kurz gefasst

- Das Befolgen von Hörzeichen hat nichts mit Beziehung zu tun.
- Das Kuscheln auf der Couch hat nichts mit Bindung zu tun.
- Eine Beziehung besteht aus gegenseitiger Achtung und Respekt.
- Hunde binden sich sehr gerne, manche müssen es nur wieder lernen.

Mit dem Hund kuscheln heißt nicht, dass eine Beziehung oder Bindung besteht.

Blickkontakttraining

Einer der wichtigsten Schritte zu einer achtsameren Beziehung ist das Blickkontakttraining. Auch hier nutze ich wieder eine angeborene Verhaltensweise von Hunden und Wölfen aus. Wölfe sprechen sich völlig lautlos über Blickkontakte ab. Auch unsere Hunde tun dies nach wie vor. Das kenne ich von meinen Althündinnen.

Angeborene Verhaltensweisen nutzen

Ich kann mich noch zu gut an die kurzen Blicke erinnern, die meine Sunny mit ihrem Freund Rudi austauschte, kurz bevor die zwei eine Spielrunde über die Wiese starteten. Als Queen, meine Collie-Hündin, zu uns kam, schickte Sunny sie oft mit einem fast nicht wahrnehmbaren Blick an den Zaun. Dort sollte die neue Hündin Gefahren abwehren, die Sunnys Meinung nach abgewehrt werden mussten. Sie überließ diese Aufgabe Queen, schließlich war Sunny die ältere, die die jüngere schicken durfte.

Meine Sunny war absolute Meisterin in der Blickkontakt-Kommunikation. Es genügte ein einziger kurzer Blickkontakt mit dem Gegenüber und dieser wusste sofort, was zu tun war. Sie gab keinen Ton von sich, kein Knurren, kein Bellen war zu hören, noch nicht mal ein Naserümpfen war zu sehen. Sie verwendete nicht ein einziges Hilfsmittel. Es war nur dieser Blick von ihr. Sunny hat es fertig gebracht, einen durch und durch überdrehten, zehn Monate alten Jungrüden, der wie ein Derwisch um sie herum hüpfte, ins „Platz“ zu gucken. Sie stand nur fest auf ihren vier Pfoten und schaute ihn an.

Sunny bestimmte, wann die Hundegruppe spielte und wann nicht. Sunny gab selbstbewusst, ruhig und souverän die Laufrichtung vor, und alle anderen Hunde folgten freiwillig.

Beobachten wir Hunde in einer harmonischen Gruppe einmal ganz genau, wird man viele dieser oft nur kurzen und knappen Blicke erkennen, mit denen sich Hunde erstaunlich viel mitteilen können.

Dieser Blick sagt alles: Die Körpersprache des Welpen zeigt, dass er eindeutig verstanden hat, was ihm der Althund sagen will.

Kurz gefasst

- Hunde „sprechen“ sich untereinander über Blickkontakt ab.
- Angeborene Verhaltensweisen wie Blickkontaktabsprache nutzen.
- Kommunikation wie sie Hunde untereinander führen, versteht der Hund schneller und besser.

Verbotswort etablieren

Ich mache mir das Blickkontakttraining zunutze und etabliere ein Verbotswort. Bei uns ist das ein „Nein". Meine Verbotsworte sind positiv belegt (siehe Übung „Positives Verbotswort" S. 54) wie alle anderen Hörzeichen, die meine Hunde erlernen sollen. Ich belege niemals ein Hörzeichen negativ. Ein positiv belegtes Wort führt der Hund wesentlich schneller und zuverlässiger aus. Außerdem tut der Hund in seinen Augen ja nichts Falsches, wenn er z. B. den Mülleimer ausräumt. Er nutzt lediglich Nahrungsressourcen.

Es gibt unglaublich viele wissenschaftliche Abhandlungen über das Lernverhalten von Hunden. Ich persönlich bin der festen Überzeugung, dass der Hund nur ein einziges Lernverhalten hat: Es lohnt sich – also Erfolg, es lohnt sich nicht – also kein Erfolg. Erfolg ist Lernen: Hat der Hund mit etwas Erfolg, wird er das Verhalten immer wieder zeigen.

Metchley hatte während seines ersten Urlaubs mit uns im zarten Alter von fünf Monaten gelernt, dass sich Parkbänke lohnen. Unter Parkbänken findet man so manch schmackhaften Essensrest. Würde ich ihn lassen, ginge er in Städten und Parks von Bank zu Bank, auf der Suche nach seiner nächsten Mahlzeit. Da Parkbänke mit einem Hund weder sprechen, den Hund auch z. B. nicht clickern können, dem Hund keine Hörzeichen geben, noch ihn positiv oder negativ bestrafen, bestätigt das Verhalten von Metchley für mich die Erfolg-/Nicht-Erfolg-Theorie. Wären Parkbänke sonst für einen Hund so interessant?

Das was sich für den Hund lohnt, wird er auch immer wieder wiederholen. Er wird es gerne, schnell und zuverlässig ausführen. Achtet der Halter von Anfang an darauf, gewünschtes Verhalten vom Hund positiv zu verknüpfen, kann er sich Einiges an Verwirrung ersparen. Hunde denken nicht so kompliziert wie ein Mensch.

Hunde lernen durch Erfolg. Funny hat gelernt, dass es sich lohnt, „abzuklatschen". Darum zeigt sie es gerne, leidenschaftlich und immer wieder.

Ich musste meine Hunde noch nie bestrafen. Unser positiv erlerntes Verbotswort hat völlig ausgereicht.

Kurz gefasst

- Auch Verbotsworte positiv belegen.
- Hunde haben nur ein Lernverhalten: Erfolg oder Nicht-Erfolg.
- Auch ein Verbotswort lohnt sich, der Hund führt es zuverlässig aus.
- Bestrafung lohnt sich nicht, weder für Halter und schon gar nicht für den Hund.

ÜBUNG

Positives Verbotswort

Übungsziel:

- Hier gibt es zwei Ziele. Erstes Ziel ist, der Hund soll lernen, dass es sich lohnt, den Halter anzuschauen. Zweites Ziel ist der positive Aufbau eines Verbotswortes.
- Maximale Arbeitsdauer mit Welpen und Junghunden: 5 Minuten
- Maximale Arbeitsdauer mit erwachsenen Hunden: 10 Minuten

Sie machen es sich mit Ihrem Hund im Wohnzimmer oder auf dem Rasen im Garten bequem. Sie haben eine Futterration Ihres Hundes dabei. Zudem brauchen Sie noch Ihre Hand.

Nehmen Sie einen Futterbrocken in die Hand und bieten Sie diesen ihm an. Möchte der Hund den Futterbrocken nehmen, sagen Sie in einem bestimmten, aber freundlichen Ton: „Nein". Am Anfang werden Sie noch die Faust um den Futterbrocken schließen müssen. Der Hund weiß ja noch nicht, um was es geht.

Ihr Hund wird nun wahrscheinlich mit allen möglichen Mitteln versuchen, an das Leckerchen zu kommen. Ignorieren Sie das bitte konsequent. Fuchteln Sie auch nicht zu sehr mit der Hand umher. Dies soll eine ruhige, konzentrierte Übung sein, in die man nicht zu viel Bewegung und Aktion bringen sollte. Halten Sie Ihre Hand so tief wie möglich, sodass Ihr Hund auch wirklich nach oben schauen muss, wenn er Blickkontakt aufnehmen will.

Sobald Ihr Hund Sie anschaut, vielleicht auch nur aus dem Augenwinkel, bekommt er den Futterbrocken.

Auf das Verbotswort „Nein" schaut mich Metchley zuverlässig an. Er darf den angebotenen Futterbrocken nicht nehmen.

Sie öffnen also sofort beim kleinsten Blickkontakt die Faust, der Hund darf sich den Futterbrocken nehmen. Diese Übung führen Sie so lange fort, bis Ihr Hund Sie beim Hörzeichen „Nein" sofort anschaut.

Guckt Ihr Hund auf das Hörzeichen „Nein" sofort zu Ihnen, brauchen Sie die Hand nicht mehr zu schließen. Der Futterbrocken liegt also nun auf Ihrer geöffneten Hand, Ihr Hund guckt Sie an, und dann erst darf er sich den Futterbrocken nehmen.

Erhöhen Sie bitte die Zeit, die Ihr Hund Ihnen in die Augen schaut, sehr langsam. Am Anfang sollten Sie sofort die Hand öffnen, wenn der Hund Sie auch nur eine Sekunde ansieht. Verlangen Sie zu Beginn des Trainings schon zu langen Blickkontakt, lässt das beim Hund Frust entstehen. Diese Übung darf für den Hund keinesfalls frustrierend sein. Er soll Sie ja willig, freudig und immer gern anschauen. Diese Übung hat auch nichts mit „Gängeln" des Hundes zu tun. Zuverlässiger Blickkontakt kann ihm das Leben retten, wenn etwa Giftköder ausgelegt wurden oder unvorhergesehene Situationen entstehen. Sie können dieses Verbotswort in allen Lebenslagen anwenden.

Tipp, wenn's nicht klappt

Statt in Ihre Hand, können Sie den Futterbrocken auch auf den Boden unter ein kleines Schüsselchen legen, die Sie hochheben, wenn Ihr Hund Sie anschaut. Halten Sie den Futterbrocken nicht auf Höhe Ihrer Augen. Der Hund lernt, nur das Futter anzusehen, was nicht zielführend ist. Haben Sie Geduld. Diese Übung kann einige Zeit in Anspruch nehmen.

Sie können natürlich auch ein anderes Wort statt „Nein" verwenden.

Erst auf ein Freigabesignal nimmt er sich das Futter. Ist das „Nein" generalisiert, wird der Hund daraufhin immer Blickkontakt aufnehmen.

ÜBUNG

Verbot bei Reizen

Übungsziel

- Zuverlässiger Blickkontakt, auch wenn das Leckerchen nicht mehr in einer Hand verschwindet, sondern offen vor dem Hund liegt.
- Maximale Arbeitsdauer mit Junghunden: 10 Minuten
- Maximale Arbeitsdauer mit erwachsenen Hunden: 15 Minuten

Wurde die vorherige Übung korrekt aufgebaut und funktioniert zuverlässig, wird der Reiz erhöht. Bitte fangen Sie diesen zweiten Übungsschritt wirklich erst an, wenn der Hund Sie sofort und unverzüglich ansieht, wenn Sie „Nein“ sagen. Hat der Hund bei dem Wort „Nein“ nur einmal Erfolg, ergattert er also den Futterbrocken, bevor er Sie ansieht, müssen Sie von vorn beginnen.

Sie stehen nun vor Ihrem Hund. Legen Sie einen Futterbrocken vor den Hund auf den Boden und sagen Sie „Nein“. Wie schon vorher gelernt, soll Ihr Hund Sie nun ohne Zögern ansehen. Er soll sich nicht für den Futterbrocken auf dem Boden interessieren. Erst nach der Freigabe mit „Nimm es“ darf er sich aus Ihrer Hand bedienen.

Tipp, wenn's nicht klappt

Wenn die Übung noch nicht klappt, trainieren Sie die vorangegangene Übung lieber noch ein paar Mal.

Eine sichere Basis erspart viel Korrekturarbeit

Das Geschehen hinter seinem Rücken würde Smartie sehr interessieren. Frauchen hat es aber mit „Nein“ erstmal verboten

Brav nimmt Smartie Blickkontakt mit seinem Frauchen auf und entscheidet nicht selbstständig über sein weiteres Handeln.

Verbot bei großen Reizen

Übungsziel

- Zuverlässiger Blickkontakt, auch bei bewegten Reizen.
- Maximale Arbeitsdauer mit Junghunden: 10 Minuten
- Maximale Arbeitsdauer mit erwachsenen Hunden: 15 Minuten

Klappt die vorherige Übung, wird der Reiz weiter erhöht. Lassen Sie nun ein Leckerchen auf den Boden fallen. Am Anfang können Sie „Nein“ sagen, bevor Sie das Leckerchen fallen lassen.

Wie in den beiden vorhergehenden Übungen soll Ihr Hund Sie ansehen, bevor Sie ihn aus der Hand belohnen – das Futter auf dem Boden ist tabu. Sie können nun auch ein Spielzeug oder einen Ball als Reiz einsetzen. Was Sie letztendlich als bewegten Reiz verwenden, bleibt Ihnen überlassen. Später soll Ihr Hund Sie auch ansehen, wenn es sich um bewegte Reize wie andere Hunde, Katzen oder Vögel handelt, denn er hat gelernt: Ein Verbot lohnt sich.

Bitte bauen Sie diese drei Übungen sauber und konsequent auf. Es ist im Blickkontakttraining immens wichtig, dass der Blickkontakt Ihrem Hund in Fleisch und Blut übergeht.

Legen Sie beim Blickkontakttraining keine gefestigte Basis, wird dieses Training zur Endlosschleife. Hunde lernen über Erfolg. Hat Ihr Hund Erfolg, wenn er Sie nicht ansieht, wird er dieses Training ganz schnell anzweifeln und gerne schnell wieder vergessen. Hunde wissen in der Regel ganz genau, dass sie schneller sind als wir.

Der Hund fragt nach, was er darf

Auch beim Blickkontakttraining bin ich dafür, sobald wie möglich in Alltagssituationen zu üben. Klar schaut Sie Ihr Hund im Wohnzimmer oder Garten schnell an. Zuverlässig funktionieren soll der Blickkontakt aber im Alltag.

Ein Hund, der seinen Halter zuverlässig anschaut, hat keine Zeit, sich um etwas anderes zu kümmern.

Verlässliches „Nachfragen“ kann Ihrem Hund sogar das Leben retten: Immer öfter hört man von ausgelegten Giftködern – diese sind nach dem Blickkontakttrainig für Ihren Hund hoffentlich tabu. Oder: Fremde Hunde laufen auf Sie und Ihren Hund zu. Ihr Hund schaut Sie jedoch an und fragt nach, bevor er ebenfalls losstürmen würde, er entscheidet nicht selbstständig. Auf dem Weg kommt Ihnen ein Jogger oder Radfahrer entgegen. Ein zuverlässig aufgebautes Verbotswort in Verbindung mit Blickkontakt verhindert, dass Ihr Hund seinem ersten Impuls folgt, den Jogger zu jagen. Ihr Verbotswort funktioniert als Prävention in so ziemlich allen Alltagssituationen.

Hunde fragen untereinander auch immer wieder nach. Diese Übung hat nichts mit der sogenannten „erlenten Hilflosigkeit“ zu tun, sondern kann Ihrem Hund im Notfall das Leben retten.

ÜBUNG

Für draußen

Übungsziel

- Zuverlässiger Blickkontakt, auch beim Anblick von Personen, anderen Hunden und Tieren.
- Maximale Arbeitsdauer mit Junghunden: 10 Minuten
- Maximale Arbeitsdauer mit erwachsenen Hunden: 15 Minuten

Eine einfache Anfangsübung für draußen ist die Begegnung mit bekannten Personen. Bevor Ihr Hund zu der Person hinläuft, sagen Sie „Nein“, auf dieses „Nein“ soll Ihr Hund Blickkontakt mit Ihnen aufnehmen, erst dann schicken Sie ihn los.

Erweitert wird die Übung dann auf Begegnungen mit bekannten Hunden. Bevor Ihr Hund zu dem anderen Hund darf, muss er Sie anschauen. Meine Hunde schicke ich nach dem Blickkontakt z. B. mit den Worten „Jetzt geh gucken“ los.

Ich wünsche von meinen drei Hunden nicht, dass sie wie die „Leibhaftigen“ auf andere Hunde zustürmen. Ich empfinde es immer wieder als sehr lästig, wenn so manch unkontrollierbarer Familienhund kläffend auf meine Hunde zustürmt, während der Halter von weitem schon laut brüllt: „Der tut nix!“ Schön, wenn seiner „nix“ tut. Der Herr weiß anscheinend auch ganz genau, dass meine „nix“ tun.

Eine große Hilfe war dieses Blickkontakttraining bei meinem jagdlich sehr motivierten „Collie der anderen Art“. Mit Metchley, meinem ersten Hütehund mit ausgeprägtem Jagdtrieb, musste ich dieses Blickkontakttraining noch konsequenter durchführen als mit meinen anderen Hunden. Metchley sollte sich bei Sichtung eines Vogels umdrehen, zu mir kommen, meine Hand touchen, mich ansehen und sein Leckerchen abholen, zuerst an der Schleppleine, dann in sicheren Gebieten ohne Schleppleine. Nach einem kleinen Missverständnis, das noch beschrieben wird, macht er es heute zuverlässig überall.

Hunde, die ihren Halter anschauen, haben keine Zeit, sich um etwas anderes zu kümmern.

Tipp, wenn’s nicht klappt

Arbeiten Sie diese Übung an der Leine. Akzeptieren Sie nicht, dass sich Ihr Hund mit dem Rücken zu Ihnen hinsetzt. Bestehen Sie auf einem Blickkontakt. Üben Sie das bei jeder Begegnung.

Erst fragen, dann loslaufen

Sehr nützlich und gerne genommen wird dieses Blickkontakttraining von Jagdhundhaltern. Ich habe es mit meinen Hütehunden sehr leicht. Hütehunde sind über Jahrhunderte dazu gezüchtet, immer wieder von allein Blickkontakt zum Schäfer aufzunehmen, um nach der nächsten Aktion zu fragen. Meine Collies und auch Shelties machen das in Perfektion. Auch wenn ich sie von mir wegschicke, sind sie immer mit einem Auge und einem Ohr bei mir.

Vor allem Meute-Jagdhunde haben ein ganz anderes ursprüngliches Zuchtziel. Sie sollen ihre Aufgaben weitestgehend in Eigenregie erledigen. Eine Jagd würde sich sehr langwierig und zäh gestalten, käme der Stöberhund immer wieder zum Jäger zurück, um zu fragen: „So Herrchen, und wo geht's nun weiter?“

Mein Metchley war auch so ein Jäger, eher untypisch für einen Collie. Über konsequentes Blickkontakttraining habe ich erreicht, dass er mich bei Sichtung von Raben und Enten, die er leidenschaftlich jagte, angesehen hat, zu mir zurückkam und sich ein Leckerchen abholte. Auch ein Jagdhund kann dieses Training erfolgreich absolvieren. Völlig abtrainieren kann man den Jagdtrieb nicht, weil er angeboren ist. Den Jagdtrieb kann der Halter aber über ein liebevolles und vor allem konsequentes Training kontrollieren lernen.
Kurzzeitig hatten mein Metchley und

Hochkonzentriert folgt Sam der leeren Hand und hält Blickkontakt mit ihr. Er entscheidet nicht selbst, wann er loslaufen möchte.

ich, wie erwähnt, ein kleines Missverständnis beim Blickkontakttraining eingebaut. Da er an der Schleppleine ging, schaute er mich selbstverständlich immer dann an, wenn die Vögel hoch flogen. Er glaubte nun, dass sich Blickkontakt nur dann lohnt, wenn Vögel fliegen. In sicherem Gelände lief er auch schon mal ohne Schleppleine und fing nun an, die Vögel aufzuscheuchen, sich dann sofort umzudrehen, mit „breitem Lächeln" zu mir kommend, um sich sein Leckerchen zu holen. Es hat eine Weile gedauert und eine etwas kürzere Schleppleine nötig gemacht, bis wir unser Missverständnis geklärt hatten, und er verstanden hat, dass sich auch sitzende Vögel lohnen.

Sam, ein knapp 2-jähriger Magyar-Viszla-Rüde, wurde von seinem Frauchen von Anfang an konsequent über den Handtouch erzogen. Zuerst schaut er sein Frauchen an, bevor er auf andere Hunde zugeht. Mit einem sicher aufgebauten Verbotswort holt sie ihn zuverlässig zurück.

Kurz gefasst

- Ursprüngliches Zuchtziel des Hundes beachten.
- Keine Fehler in der Konditionierung einbauen, siehe fliegende Vögel.
- Mit sauber aufgebautem Blickkontakttraining können auch Jagdhunde kontrolliert werden.

Sam läuft erst los, wenn er freigegeben wird. Dafür sind keine Worte oder Hörzeichen nötig, Sam orientiert sich nur an der Hand.

MEINE, DEINE, UNSERE TÜR

Ist ein Einzelhund in der Regel gut zu kontrollieren, sieht die Sache bei Mehrhundehaltung anders aus: Hunde „puschen“ sich gerne gegenseitig hoch. Eine Hundegruppe heißt immer auch mehr Verantwortung der Umwelt gegenüber.

Keine Dominanz, sondern Sicherheit

Stellen Sie sich folgende Situation vor: Die Haustür geht auf, die zwei Hunde der Familie stürmen mit aufgestellten Ruten laut kläffend auf die Straße, sodass ein Auto abrupt abbremsen muss – gut, dass kein weiteres Fahrzeug hinter ihm ist! Einer der Hunde wird einer Katze ansichtig, jagt diese eine längere Strecke über die Fahrbahn. Der andere Hund markiert gerade die ersten Frühlingsblüher im Vorgarten des Nachbarn. Frauchen rennt, zuerst in Panik hinter dem Hund her, der die Katze jagt, laut rufend, ihre Stimme zum Jagdhorn machend. Dadurch stachelt sie den Hund noch mehr an. Danach muss sie sich beim Nachbarn entschuldigen, da der Blumenfan nicht begeistert von den Markierungsarbeiten des anderen Hundes war. Voller Zorn schleppt sie nach erfolgreichem Einfangen ihre Hunde an den Halsbändern wieder ins Haus.

Nicht schön? Nein, wirklich nicht schön. Vor allem aber gefährlich. Genauso gefährlich wird es für Hunde, die unaufgefordert aus dem Auto springen und lospurten. Egal, welche Tür, ob Haustür oder Autotür, meine Hunde müssen warten, bis ich ihnen erlaube, eine Tür zu durchqueren. Noch dazu handelt es sich in unserem Haushalt um drei Hunde, die noch größeres Chaos anrichten können, würden sie gleichzeitig unkontrolliert auf die Straße oder aus dem Auto herausstürmen.

Es hat überhaupt nichts mit Dominanztheorien zu tun, wenn ich meinen Hunden beibringe: ICH gehe als erstes durch die Tür. Es dient ausschließlich der Sicherheit meiner Hunde, nicht mehr und nicht weniger.

Unkontrolliertes nach draußen stürmen, vor allem, wenn Sie an einer Straße wohnen, kann zudem teuer werden, sollte der Hund dabei einen Autounfall verursachen oder Jogger bzw. Radfahrer verfolgen. Hunde erkennen die Gefahren nicht, deshalb hat der Halter die Verantwortung, solche Risiken zu vermeiden.

Kurz gefasst

- Es hat nichts mit Dominanz zu tun, wenn meine Hunde nach mir durch die Tür gehen.
- Es ist für meine Hunde sicherer, erstmal hinter mir zu bleiben.
- Selbstentscheidendes Losstürmen durch die offene Haustür kann für Hunde tödlich enden.

Aussteigen aus dem Auto

Übungsziel

- Zuverlässiger Blickkontakt vor dem Herausspringen aus dem Auto.
- Üben Sie das bei jeder Begegnung.
- Maximale Arbeitsdauer mit Junghunden: 10 Minuten
- Maximale Arbeitsdauer mit erwachsenen Hunden: 15 Minuten

Die Übung im Auto läuft im Prinzip genauso ab, wie die Übung an der Haustür. Sie öffnen die Autotür, dabei sagen Sie zum Hund Ihr Verbotswort. Warten Sie auf einen richtigen Blickkontakt, lassen Sie den Hund Ihre Hand touchen, dann darf er das Auto verlassen.

Eventuell benötigen Sie dafür eine Hilfsperson, wenn Ihre Hunde dazu neigen, sofort durch den kleinsten Spalt der Tür zu entweichen. Die zweite Person kann die Hunde eventuell zurückhalten.

Ich verwende hier ganz bewusst niemals das Hörzeichen „Bleib“. Das „Bleib“ hat eine andere Bedeutung und ich möchte meine Hunde ja nicht verwirren.

Tipp, wenn's nicht klappt

Binden Sie eine Hilfsperson ins Training ein und leinen Sie die Hunde im Auto an, wenn nötig. Die Leine kann am Schutzgitter befestigt werden oder – über die Rückenlehne gezogen – von einer Hilfsperson gehalten werden.

Corona und Lilli warten brav im Auto, während sich Frauchen überzeugt, dass keine kritische Situation für die Hunde entsteht.

Erst nach Blickkontakt und auf Handzeichen springen die beiden risikofrei aus dem Auto.

ÜBUNG

An der Haustür

Übungsziel

- Zuverlässiger Blickkontakt vor dem Verlassen des Hauses.
- Üben Sie das immer, bevor Sie das Haus verlassen.
- Maximale Arbeitsdauer mit Junghunden: 10 Minuten
- Maximale Arbeitsdauer mit erwachsenen Hunden: 15 Minuten

Meine Hunde sollen an der geöffneten Haustür warten, bis ich ihnen das Zeichen zum Verlassen des Hauses gebe.

Sie stehen mit dem Rücken zur offenen Tür. Ihr Hund steht vor Ihnen. Sagen Sie nun das von Ihnen konditionierte Verbotswort. Ein einmal richtig generalisiertes Verbotswort funktioniert in allen Situationen. Bei uns ist das „Nein“. Ihr Hund sollte Sie auf dieses Wort hin

Kaum ist die Tür einen Spalt geöffnet, stürmen die Hunde unkontrolliert auf die Straße. Eventuell vorbeifahrende Autofahrer hätten keine Chance zu reagieren.

sofort anschauen. Nun lassen Sie Ihren Hund noch die Hand touchen, dann bekommt er einen Futterbrocken. Erst danach geben Sie die Erlaubnis, dass er hinter Ihnen durch die Tür geht.

Das Nicht-Verlassen des Hauses lohnt sich für den Hund. Halten Sie dieses Ritual vor dem Verlassen des Hauses immer konsequent ein, wird Ihr Hund Sie innerhalb kürzester Zeit von allein ansehen, wenn die Tür aufgeht.

Ziel ist selbstverständlich, dass dieses Ritual später auch OHNE Gabe von Leckerlis funktioniert und Ihr Hund Sie wie selbstverständlich vor Verlassen des Hauses ansieht.

Tipp, wenn's nicht klappt

Üben Sie an einer Zimmertür innerhalb des Hauses. Die Motivation des Hundes, ein anderes Zimmer zu betreten, ist nicht so groß wie die Motivation, das Haus nach draußen zu verlassen. Arbeiten Sie mit einer Hilfsperson, die den Hund gegebenenfalls an der Leine vor der offenen Haustür festhält.

Es hat nichts mit Dominanz zu tun, wenn Hunde lernen, an der Tür erst zu touchen, bevor Sie das Haus verlassen. Es dient allein der Sicherheit von Hund und Mensch.

ZUSAMMENARBEIT

ZUSAMMENARBEIT MIT DEM HUND

Hunde sind, je nach Eigenschaft und Rassezugehörigkeit, für die Zusammenarbeit mit dem Menschen gezüchtet worden. Touch-Arbeit ist nicht rasse- oder altersabhängig, macht allen Hunden Spaß und fördert das Denkvermögen.

Hunde wollen mit uns zusammenarbeiten

Lilli wartet gespannt darauf, was ich mit ihr vorhabe. Sie will MIT mir spielen.

Ausreden wie „Beagle sind einfach selbstständig“ oder „Dackel sind eben stur“ höre ich immer wieder. Das stimmt so eindeutig nicht. Natürlich ist der sogenannte „will to please“ bei einem Hüte- oder Schäferhund stärker ausgeprägt, als z. B. bei einem Beagle oder Dackel. Aber jeder Hund hat das Potenzial, mit seinem Halter zusammen etwas zu erarbeiten. Egal, welcher Rasse er angehört.

Eine Bekannte von mir führt ihren Weimaraner Sam und ihren Beagle Clooney ohne Leine als Reitbegleithunde mit. Sie hat von Anfang an über das Touch-Training, über Tricks und Dog Dancing eine enge Bindung und eine gefestigte Beziehung zu ihren Hunden aufgebaut. Ihre Hunde achten auf ihr Frauchen, ohne das diese ständig hinter ihren Hunden herrufen muss. Sam und Clooney haben gelernt, dass es sich lohnt, auf ihren menschlichen Lebenspartner zu achten.

Hunde arbeiten gerne mit uns zusammen. Meistens spielen die Halter mit ihrem Hund Ball. Ein echtes, richtiges miteinander Spielen ist das nicht. Ballspielen hat außerdem einen sehr starren Spielablauf. Immer gleich: Halter wirft, Hund holt, Halter wirft, Hund holt. Ballspielen bietet keine Variationen, es läuft immer nach dem gleichen Schema ab. Der Kopf des Hundes wird nicht gefordert und so mancher Halter ist verzweifelt, wenn sein Hund nach einer Stunde Balljagen noch immer nicht müde ist und zu Hause als „Innenarchitekt“ tätig wird.

Kurz gefasst

- Hunde wollen mit ihrem Menschen zusammenarbeiten.
- Touch-Training, Tricks und Dog Dancing fördern eine enge Bindung.
- Ball spielen ist nicht miteinander spielen.

Spiele für überall, immer und jederzeit

Sie kennen die sogenannten Intelligenzspiele aus Holz? Diese Holzspielzeuge sind pädagogisch so wertvoll, wie das Handyspiel für Kinder. Es entsteht kein MITeinander, es entsteht keine Bindung, denn der Hund spielt mit dem Spiel, aber nicht mit seinem Menschen. Es entwickelt sich keine Beziehung zwischen Hund und Halter, da der Zweibeiner nicht als Spielpartner agiert, sondern nur „Auffüller“ ist. Genau wie das Mobiltelefon beim handyspielenden Kind, ist beim Hund das Holzspielzeug ein emotionsloser Automat.

Hunde spielen immer MITeinander. Oder haben Sie schon einmal einen Hund erlebt, der einem anderen ein Holzspielzeug befüllt? Haben Sie jemals gesehen, dass ein Hund einem anderen einen Ball wirft? Nein? Spiel unter Hunden besteht immer aus Interaktionen untereinander, aus einem MITeinander, es ist niemals ein statisches, sich nicht veränderndes Spielzeug im Einsatz.

Die folgenden Spiele basieren nicht nur auf dem MITeinander Spielen, sondern regen Ihren Hund wieder dazu an, selbst zu denken, und das Spielmaterial haben Sie schnell immer zur Hand. Ihr Hund soll sich MIT Ihnen zusammen die Lösung erarbeiten, mit der er zum Erfolg kommt. Sie müssen mit Ihrer Konzentration beim Hund bleiben, der Hund seinen Fokus auf Sie richten. So entwickelt sich wie von selbst ein Austausch zwischen ihnen beiden, welcher Ihnen sicher einen völlig neuen Blickwinkel auf Ihren Vierbeiner verschafft.

Die gängigen Holzspielzeuge werden schnell langweilig. Der Halter spielt auch nicht MIT seinem Hund. Er agiert nur als Auffüller.

ÜBUNG

Das Flaschenspiel

Was Sie brauchen

> Leere PET-Flaschen.
> Die Mahlzeit Ihres Hundes.
> Keine besonderen Futterbrocken wie Wurst oder Käse verwenden, das ist nicht notwendig.
> Die Materialien für alle nun folgenden Spiele sind weitestgehend kostenlos.

Spielziel: Der Hund soll lernen, mit seinem Halter gemeinsam eine Problemlösung zu finden. Der Halter soll nicht nur als „Befüller“ des Spielzeuges agieren. Der Hund wird nicht vom Spielzeug belohnt, sondern vom Halter, was die Bindung stärkt und festigt.

Setzen Sie sich mit Ihrem Hund auf den Boden, halten Sie seine Mahlzeit parat. Stellen Sie die leere PET-Flasche vor sich hin und warten Sie. Der Hund soll nun von alleine auf die Idee kommen, die Flasche mit der Nase umzustupsen.

Geben Sie ihm bitte keinen Tipp. Beobachten Sie lieber Ihren Hund, wie er nachdenkt. Er wird die Ohren nach vorne legen, den Fang leicht öffnen, die Stirn in Falten legen und eventuell hohe, kurze Bellgeräusche von sich geben. Sie helfen ihm NICHT. Sie verwenden bitte auch keinen Clicker, denn diese Spiele haben mit dem sogenannten „Shaping“ wie beim Clickern nichts zu tun. Das Ziel ist, Lösungswege für ein Problem (Problem-Flasche) zu finden und nicht einen Trick zu erlernen. Die wichtigste Spielregel bei diesen Spielen ist Geduld!

Lilli fragt mit Blickkontakt nach, eine Interaktion entsteht, und stupst dann mit der Nase die Flasche um.

Ich spiele MIT Lilli und agiere als Spielleiter. Die Belohnung bekommt Lilli von mir und nicht vom Spielzeug.

Stupst Ihr Hund die Flasche mit der Nase um, bekommt er einen Futterbrocken. Bei einem großen Hund bestehen Sie bitte darauf, dass er die Flasche mit der Nase umwirft. Macht der Hund das mit den Pfoten, besteht die Gefahr, dass die Flasche nicht sehr lang zu gebrauchen ist. Kleine Hunde dürfen die Flasche schon auch mal mit der Pfote umkippen.

Der Hund bekommt nun immer ein Leckerchen, wenn er die Flasche mit der Nase umstupst.

Hat der Hund verstanden, um was es geht, können Sie dieses Spiel auch auf kurze Distanzen spielen. Der Hund verfestigt somit das Verhalten aus dem Handtouch-Führtraining. Er muss ja erst vom Futter weg zur Flasche gehen, seine Aufgabe erledigen, erst dann gibt es eine Belohnung.

Nimmt Ihr Hund die Flasche in den Fang, nehmen Sie ihm diese bitte kommentarlos weg und stellen Sie wieder vor sich. Haben Sie auch hier Geduld, auch wenn Sie vielleicht erst einige Minuten damit beschäftigt sind, dem Hund die Flasche abzunehmen. Vor allem auf Apportieren trainierte Retriever versuchen als Erstes die Flasche hochzuheben. In der Regel dauert es aber nicht sehr lange und auch der noch so auf Apport fixierte Retriever kommt auf die richtige Idee.

Tipp, wenn's nicht klappt

Bei sehr stürmischen Hunden hat es sich bewährt, die Flaschen halb mit Wasser zu füllen. Dies gibt eine bessere Standfestigkeit.

Variationen des Flaschenspiels

Es gibt endlos viele Variationen, die das Spiel immer wieder von neuem interessant werden lassen.

Variation 1

Hierfür benötigen Sie zwei leere PET-Flaschen.

Hat der Hund verstanden, was es mit der Flasche auf sich hat, bringen Sie eine zweite ins Spiel. Nun reicht es nicht mehr, dass der Hund nur eine Flasche umwirft, er soll auch die zweite umwerfen. Wie beim Grundspiel geben Sie auch hier keinen Tipp. Sie stellen einfach eine zweite Flasche auf und warten darauf, dass der Hund beide Flaschen umwirft. Erweitern können Sie das Spiel auf beliebig viele Flaschen. Das Labradormädchen Bejka, aus meinem letzten Einstein-auf-vier-Pfoten-Kurs, zeichnete sich als „Diplom-Flaschenumwerferin" aus: Zehn Flaschen arbeitete sie sauber mit Nasenstupsern ab.

Variation 2

Diese Variation ist für zwei Personen gedacht. Das Spiel ist optimal für Kind und Hund geeignet, da der Hund nicht direkt in Kontakt mit dem Kind kommt, das Kind aber ganz leicht die Regeln bestimmen kann. Der Respekt des Hundes vor dem Kind wird gefördert, die Bindung gestärkt.

Zwei Personen/Kinder sitzen sich gegenüber. Jede Person hat eine leere PET-Flasche vor sich stehen. Nun soll der Hund die Flasche bei Person eins mit der Nase umwerfen, danach zu

Lilli spielt MIT uns. Abwechselnd stupst sie die Flaschen, die vor uns stehen, um.

Danach gibt es eine Belohnung. Dies ist auch ein optimales Spiel für Kind und Hund.

Person zwei gehen und deren Flasche umwerfen. Während der Hund die Flasche bei Person zwei umwirft, stellt Person eins die Flasche wieder auf. Für jedes Nasestupsen gibt es natürlich ein Leckerchen.

Variation 3

Diese Variation ist etwas für Schlaumeier. Der Hund soll lernen, Größen zu unterscheiden. Fangen Sie mit zwei Flaschen, einer kleinen und einer großen an. Nun soll der Hund herausfinden, dass er zuerst die große, danach erst die kleine Flasche umwerfen soll.

Später können Sie eine dritte Flasche in einer anderen Größe einfügen. Bei besonderen Schlaubergerhunden kann man dies endlos erweitern.

Vor allem bei Variation 3 sind so einige Kursteilnehmer positiv überrascht, wenn ihr Hund nach kurzer Zeit erkannt hat, in welcher Reihenfolge die Flaschen umfallen müssen. Leider werden Hunde von vielen Menschen noch immer unterschätzt. Ich bringe dann gerne das Beispiel des Blindenführhundes an. Könnte ein Hund nicht lernen, dass er Straßen an Zebrastreifen überqueren muss oder dass Treppenstufen umgangen oder angezeigt werden müssen, wäre es nicht möglich, Hunde zum Blindenführhund auszubilden. Blindenhunde können auch sehr gut abschätzen, wie hoch ein Hindernis ist und ob der Blinde darunter durch passt. Hunde können unterschiedliche Größen sehr gut erkennen und abschätzen.

Das Such-den-Collie-Spiel

Was Sie brauchen

- Zwei unterschiedliche Karten oder Spieltiere/Stofftiere
- Die Mahlzeit ihres Hundes.
- Keine besonderen Futterbrocken wie Wurst oder Käse verwenden, dies ist nicht notwendig

Wir spielen dieses Spiel mit einer Karte, auf der ein Collie zu sehen ist, und einer neutralen leeren Karte in gleicher Größe.

Zeigen Sie Ihrem Hund beide Karten. Nun soll der Hund die Karte mit dem Collie mit der Nase touchen, dann gibt es ein Leckerchen. Toucht der Hund die leere Karte, legen Sie die Karten nach unten und zeigen Sie sie dem Hund nach 1 bis 2 Sekunden noch einmal. Toucht er richtig, also den Collie, gibt es wieder eine Belohnung. In kürzester Zeit wird Ihr Hund herausfinden, welche der Karten sich lohnt und welche nicht. Geben Sie Ihrem Hund Zeit herauszufinden, welche die richtige Karte ist.

Sie können dieses Spiel mit allen möglichen Karten oder auch Figuren spielen. Sam, ein Magyar Vizsla aus meiner Hundeschule, spielt dieses Spiel z. B. mit ganz normalen Spielkarten. Er findet das Herz As inzwischen auch schon aus mehreren Karten heraus.

Eine Variation dieses Spiels bieten unterschiedliche Stofftiere. Sie legen eines der Tiere fest, das eine Belohnung bringt. Auch bei diesem Spiel gibt es die Belohnung vom Halter. Nicht das Spielzeug an sich ist die Belohnung.

Die Figuren oder Spielzeuge, die Sie für dieses Spiel verwenden, sollten nur für das Spiel eingesetzt werden und nicht als Spielzeug für den Alltag.

Metchley schaut sich die Karten genau an. Er ist hoch konzentriert dabei und spielt MIT mir.

Metchley hat gelernt, welches Bild sich lohnt. Er toucht zielsicher den Collie an.

ÜBUNG

Das Geometrie-Spiel

Was Sie brauchen

- Runde Glasuntersetzer aus Kork
- Viereckige Glasuntersetzer aus Kork
- Dreieckige Glasuntersetzer aus Kork (einfach den viereckigen durchschneiden)

Dieses Spiel ist für fortgeschrittene „Einstein-Hunde“! Es geht darum, dass der Hund drei unterschiedliche Formen erkennen lernt. In Verbindung mit diesen Formen soll er drei verschiedene Aktionen ausführen.

Wir haben einen runden Untersetzer, einen viereckigen und einen dreieckigen. Ich verwende Korkuntersetzer. Für das Dreieck schneide ich einfach den viereckigen Untersetzer durch. Der runde darf nur mit der Nase getoucht werden. Den viereckigen soll der Hund mit der Pfote berühren und vor dem dreieckigen, der auf dem Boden liegt, soll der Hund einen Trick anbieten. Mein Metchley macht vor dem Dreieck beispielsweise eine Verbeugung.

Trainieren Sie erst den runden Untersetzer mit dem Nasen-Touch. Funktioniert das zuverlässig, bieten Sie dem Hund den viereckigen Untersetzer an. Warten Sie erst mal ab, was Ihnen der Hund anbietet. Zuerst wird er ihn mit der Nase touchen, damit hatte er ja bisher immer Erfolg. In kürzester Zeit wird Ihnen Ihr Hund eine andere Aktion anbieten, wenn er mit dem Nasen-Touch nicht weiterkommt. Berührt er den viereckigen Untersetzer mit der Pfote, bekommt er eine Belohnung.

Hat der Hund verstanden, dass der viereckige Untersetzer nur über die Pfote Erfolg bringt, bieten Sie ihm beide Untersetzer, also den runden und

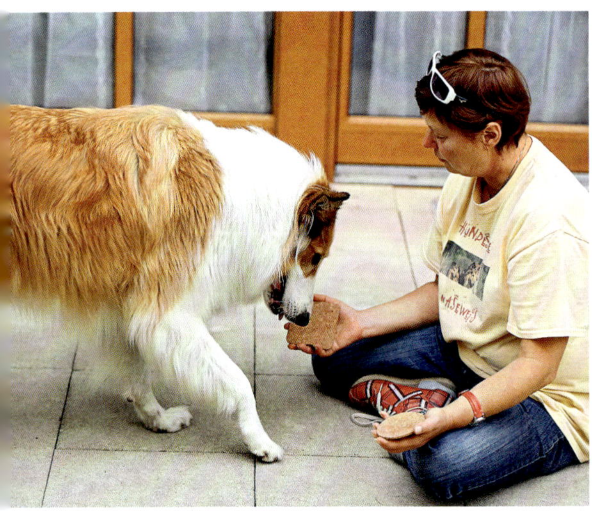

Metchley denkt nach, schaut sich die Formen genau an ...

... und berührt den runden Untersetzer zuverlässig mit der Nase.

den viereckigen abwechselnd an. Es ist erstaunlich, wie schnell Hunde die unterschiedlichen Formen ihren Aktionen zuordnen können.

Mit dem dreieckigen Untersetzer verfahren Sie dann genau wie mit dem viereckigen: Legen Sie das Dreieck auf den Boden und warten Sie ab. Metchley hat mir alle möglichen Tricks angeboten. Erst mit dem Diener hatte er Erfolg. Nach kurzem Training zeigt er nun bei jeder Form die gewünschte Aktion.

Haben Sie Geduld. Geben Sie Ihrem Hund keine Tipps. Viele Hunde haben verlernt, selbst zu denken und etwas auszuprobieren. Ein Hund, der selbst Lösungen finden darf, ist in der Regel souveräner und selbstbewusster als ein Hund, der zum reinen Befehlsempfänger degradiert wurde.

Hunde können Formen und Farben lernen. Ich erwähne in diesem Zusammenhang gerne die Diabetes- und Epilepsie-Warnhunde. Könnte ein Hund keine Formen oder Farben lernen bzw. voneinander unterscheiden, gäbe es diese Jobs für Vierbeiner nicht. Die Tasche, in der das Insulin oder benötigte Medikamente aufbewahrt werden, hat eine bestimmte Form und Farbe, die sich der Hund merken muss. Würde der Warnhund seinem Halter eine x-beliebige Tasche oder Packung bringen, wäre das nicht zielführend.

Variationen

Sie können dieses Spiel mit jeder Form spielen. Schneiden sie aus Pappe beliebige Formen aus und geben Sie eine Aktion vor, die der Hund in Bezug auf diese Form ausführen soll.

Dieses Spiel funktioniert auch mit farbig unterschiedlichen Formen. Die Form kann dann immer die gleiche sein, der Hund soll ja die Farben unterscheiden lernen.

Dann berührt Metchley das Viereck mit der Pfote und macht neben dem Dreieck eine Verbeugung.

Er zeigt das ganz von allein, nachdem er einiges ausprobiert, aber nur mit der Verbeugung Erfolg bei mir hatte.

TRICKS UND TANZEN OHNE HILFSMITTEL

Ich habe bei meinen Hunden alle Tricks und Dog-Dance-Elemente ohne die üblicherweise verwendeten Hilfsmittel aufgebaut. Das einzige Hilfsmittel, das ich verwende, ist meine Hand.

Tricktraining als Bindungsarbeit

Ich wünsche mir, dass mein Hund eine Bindung zu mir, zu meinem Körper bzw. meiner Hand aufbaut. Mein Hund soll auch dann konzentriert mitarbeiten, wenn ich keines der gebräuchlichen Hilfsmittel in der Hand habe. Es gibt meiner Erfahrung nach keine bessere Bindungsarbeit als Tricksen und Dog Dancing, da sich der Hund dabei immer auf mich und meinen Körper konzentrieren muss. Und Spaß macht diese Arbeit auch noch!

Noch sehr gut ist mir eine Teilnehmerin in Erinnerung, die vor vielen Jahren mit ihrem Hund Beroll zu mir in den Dog-Dance-Kurs kam. Zur ersten Kursstunde brachte sie einen Rucksack voller Equipment mit: Clicker, Target-Sticks, Boden-Targets, Kochlöffel, Fliegenklatschen und vieles mehr. Sie hatte die letzten sechs Monate, in denen sich dieses Equipment ansammelte, einen Dog-Dance-Kurs in einer klassischen Hundeschule besucht.

Wirklich getanzt hatten die beiden in diesen sechs Monaten noch nie, da sie noch immer am Aufbau vom Slalom-durch-die-Beine arbeiteten. Als ich ihr sagte, sie würde diese ganzen Hilfsmittel nicht benötigen, war sie überrascht. Nach der ersten Trainingseinheit am Vormittag tanzte Beroll am Nachmittag schon die ersten Grundschritt-Variationen zu Musik. Dienstagmorgens erschienen die zwei ohne Rucksack. Auf meine Frage, wo denn das Equipment sei, sagte sie: „Im Müll-Container – samt Rucksack!“ Am Ende der Kurs-Woche tanzten beide eine kleine Choreographie zu Musik.

Beroll hat innerhalb einer Woche, nur über die Führung mit der leeren Hand, mehr gelernt als mit diversen Utensilien in sechs Monaten. Beroll war von diesen vielen Hilfsmitteln eher verwirrt und vor allem offensichtlich genervt.

Ich konnte beobachten, dass Hunde, die mit dem Clicker über das sogenannte Shaping trainiert werden, wesentlich mehr Wiederholungen brauchen als Hunde, die ohne Clicker gearbeitet werden. Beim Shaping wird die Aktion, die der Hund anbietet, immer wieder abgebrochen und in viele kleine Einzelschritte zerlegt. Bei meiner Arbeitsmethode lernt der Hund, den Trick sofort im Ganzen auszuführen.

Kurz gefasst

- Einziges Hilfsmittel ist die Hand.
- Zu viele Hilfsmittel verwirren den Hund eher als ihm zu helfen.
- Der mit Hilfsmitteln trainierte Hund braucht mehr Wiederholungen.

Die Verbeugung

Ein beliebter Trick in meinen Kursen ist die Verbeugung. Bei diesem Trick zeigt der Hund auf ein Signal oder ein Hörzeichen die Vorderkörpertiefstellung. Über den Handtouch ist dieser Trick ganz einfach aufzubauen.

Bieten Sie Ihrem Hund die Touch-Hand an, verbeugen Sie sich selbst vor dem Hund und bewegen Sie die Hand nach unten in Richtung der Vorderpfoten Ihres Hundes. Da Ihr Hund gelernt hat, dass es sich immer lohnt, wenn die Hand oder der Finger mit der Nase berührt werden, wird er versuchen, die Hand zu touchen. Der Hund muss mit dem Vorderkörper automatisch nach unten gehen, um die Hand zu berühren.

In dem Moment, wenn Ihr Hund sich verbeugt und die Hand toucht, sagen Sie das von Ihnen gewählte Hörzeichen – bei uns „Diener" – und belohnen den Hund mit einem Futterstückchen.

Variation der Verbeugung

Eine lustige Variante der Verbeugung heißt bei uns „Dr. Dolittle". Der Hund macht eine Verbeugung und legt dabei seinen Kopf auf den Vorderpfoten ab. Haben Sie die Verbeugung korrekt aufgebaut, ziehen Sie die Touch-Hand bodennah zu sich zurück. Ihr Hund wird versuchen, die Hand zu erreichen und seinen Kopf nach vorne strecken. Ihr Hund wird seinen Kopf auf seinen Vorderpfoten ablegen. Selbstverständlich gibt es dann sofort eine Belohnung.

Tipp, wenn's nicht klappt

Macht Ihr Hund keine Verbeugung, stellen Sie sicher, dass er keine skelettalen Probleme wie Ellenbogen-Dysplasie oder eine Entzündung der Muskeln hat. Verweigert ein Hund konsequent bestimmte Tricks, hat er einen Grund dafür. Versuchen Sie etwas Anderes.

Nur auf Handzeichen mit der leeren Hand macht Metchley eine perfekte Verbeugung.

„Dr. Dolittle" ist eine Variante der Verbeugung. Der Hund legt den Kopf auf die Pfoten.

Slalom durch die Beine

Da Ihr Hund gelernt hat, Ihrer leeren, offenen Hand zu folgen, sind erste Dog-Dance-Schritte flott zu erlernen. Das praktische an diesen einfachen Übungen ist, dass Sie sie überall und schnell zwischendurch ausführen können.

Slalom

Ihr Hund steht an Ihrer linken Seite. Machen Sie mit dem rechten Bein einen Schritt nach vorn. Bieten Sie Ihrem Hund die rechte leere Hand an. Dieser soll er nun durch die Beine folgen. Machen Sie dann einen Schritt mit dem linken Bein nach vorn und leiten Sie Ihren Hund mit der linken leeren Hand durch die Beine. Bieten Sie Ihrem Vierbeiner immer nur eine Hand an. Unser Hörzeichen hierfür ist „Zick-Zack".

Zick-Zack ist eine komplette Übung, das heißt, der Hund wird grundsätzlich erst nach dem Zack belohnt.

Bleiben Sie bei dieser Übung aufrecht. Es ist nicht nötig, sich nach unten zu beugen, da die Führung die leere Hand ist und der Hund die Nase nicht direkt vor den Augen haben sollte. Er hat ja gelernt, der Hand zu folgen, egal, wo die sich befindet.

Shadow folgt freudig der leeren, offenen Hand. Das Hörzeichen „Zick-Zack" wird sofort eingeführt.

Die Belohnung bekommt Shadow erst nach dem „Zack", damit der Slalom zügig ausgeführt wird.

Achter um die Beine

Ihr Hund steht vor Ihnen, während Sie mit geöffneten Beinen fest auf Ihrem Platz stehen. Beim Achter durch die Beine bewegen Sie sich nicht. Leiten Sie Ihren Hund nun von vorn erst um ein Bein herum, dann um das andere Bein. Die Führungshand ist immer leer. Auch beim Achter um die Beine ist es nicht nötig, dass Sie sich zum Hund hinunterbeugen. Bleiben Sie aufrecht stehen, so kann es auch nicht passieren, dass Sie den Hund durch Ihren Körper wegdrücken.

Bei uns heißt die Übung ganz einfach „Achter“. Der Hund wird erst dann belohnt, wenn er einen kompletten Achter, also ein Mal von vorn um Ihr rechtes Bein und ein Mal von vorn um Ihr linkes Bein gegangen ist.

Viele Halter machen während des Spaziergangs sogenannte „Unterordnungsübungen“, wie „Sitz“, „Platz“ und „Bleib“. Wird Ihnen und Ihrem Hund das nicht manchmal langweilig? Blenden Sie doch einfach mal das „Dog Dance“ aus und sehen Sie die letzten beiden Übungen einfach als willkommene Abwechslung in der Unterordnungsarbeit für Ihren Hund.

Beim Achter um die Beine bleiben Sie stehen. Shadow folgt nur der leeren Hand.

Shadow bekommt seine Belohnung erst, wenn er den kompletten Achter um die Beine gelaufen ist.

EINSATZ

KONZENTRATIONSÜBUNGEN

Immer wieder haben mir Kursteilnehmer bestätigt: „Seit ich mit meinem Hund touche, tanze und trickse, ist unsere Bindung viel enger geworden!“, „Mein Hund achtet viel mehr auf mich!“, „Er ist wesentlich konzentrierter ...“.

Aufmerksamkeit des Hundes trainieren

Die Einsatzmöglichkeiten des Touch-Trainings sind nahezu unendlich und finden bei mir nicht nur in der klassischen Erziehungsarbeit Anwendung. Alle Übungen sind perfekt als Konzentrationstraining geeignet. Nervöse und aufgeregte Hunde werden wie von allein ruhiger und aufmerksamer. Auch beim Vertrauensaufbau sogenannter Angsthunde ist Touch-Training zu einem meiner wichtigsten Trainingselemente geworden.

In der Praxis sehe ich häufig Hunde, die sich rundherum für alles interessieren, nur nicht für den Halter am anderen Ende der Leine. Beim Training sind diese Hunde so lange bei der Sache, solange im Umfeld nichts Interessanteres passiert. Wie schon erwähnt, kommt dies sehr häufig bei Hunden vor, die ausschließlich auf einem bestimmten Platz gearbeitet wurden. Diese Hunde haben bisher nicht gelernt, sich im Alltag am Hundehalter zu orientieren, sich auf ihn zu konzentrieren.

Das Extrembeispiel eines solchen Exemplars war ein Mittelschnauzer: Er kam im Alter von sechs Monaten das erste Mal zu mir in die Hundeschule. Der Junghund wurde bisher nur im Garten gehalten, da der „hundeerfahrene“ Nachbar den Haltern einreden konnte, dass der Hund vor einem Alter von sechs Monaten sowieso nichts lernt und nur dann eine Bindung aufbaut, wenn sich ausschließlich der Halter mit dem Hund beschäftigt.

Als der neugierige Jungspund nun das erste Mal in die „große, weite Welt“ mitgenommen wurde, war er von den Eindrücken völlig überwältigt. Er hatte offensichtlich das Bedürfnis, alles, was er bisher versäumt hatte, in wenigen Minuten zu erkunden. Er konnte sich auf nichts wirklich konzentrieren, wollte alles auf einmal und gleichzeitig machen. Zog an der Leine wie ein Kutschpferd, lief von links nach rechts, um nur nichts zu verpassen. Der Junghund hatte vor nichts Angst und war nicht in der Lage, mit meinen Hunden zu kommunizieren. Er kannte die Hundesprache nicht, er hatte sie ja schließlich nie gelernt. Besonders auffällig war, dass er nicht das geringste Interesse an seiner Halterin zeigte, die an der Leine wie eine Fahne hinter ihm herflog. Leider haben die Halter das Training nicht abgeschlossen.

Kurz gefasst

- Einsatz des Touch-Trainings ist grenzenlos.
- Unkonzentrierten Hunden spielerisch höhere Konzentration antrainieren.
- Engere Bindung durch Touch-Training.

ÜBUNG

Konzentration trainieren

Übungsziel

- Konzentration auf den Hundehalter trotz Ablenkung im Hintergrund.
- Maximale Arbeitsdauer mit Junghunden: 10 Minuten
- Maximale Arbeitsdauer mit erwachsenen Hunden: 15 Minuten

Für diese Übungen, wie auch für die Übungen mit nervösen Hunden, ist es wichtig, dass Sie und der Hund sich in einer Ruheposition wie Sitz oder Platz befinden. Idealerweise sitzen Sie auf dem Boden, während der Hund vor Ihnen sitzt oder liegt. Wählen Sie für den Anfang einen Ort mit wenig Ablenkung. Hat der Hund massive Konzentrationsprobleme, können Sie auch im Wohnzimmer beginnen. Starten Sie mit der Übung auf S. 16.

Bitten Sie Familienangehörige oder Freunde darum, kleine Ablenkungsmanöver einzubauen, wie hinter dem Hund vorbeizugehen, mit einer Tüte zu rascheln oder Türen zu öffnen und zu schließen. Selbstverständlich macht das Ihre Hilfsperson während der Übung nicht ständig, sondern nur hin und wieder.

Ihr Hund sollte in der Ruheposition bleiben, sich auf Sie und Ihre Hand konzentrieren, ohne aufzuspringen oder der Hilfsperson nachzulaufen. Ihr Hund soll mit ungeteilter Aufmerksamkeit bei Ihnen bleiben und sich seine Mahlzeit erarbeiten.

Tipp, wenn's nicht klappt

Reduzieren Sie die Ablenkung und trainieren Sie die Übung erneut.

Bei gut aufgebautem Blickkontakttraining funktioniert Konzentrationstraining auch mit mehreren Hunden gleichzeitig.

ÜBUNG

Konzentration trotz Ablenkung

Übungsziel

- Konzentration auf den Halter trotz starker Ablenkung im Hintergrund.
- Maximale Arbeitsdauer mit Junghunden: 10 Minuten
- Maximale Arbeitsdauer mit erwachsenen Hunden: 15 Minuten

Klappt die vorausgegangene Übung mit Ablenkung im Wohnzimmer, verlegen Sie die Übung so schnell wie möglich nach draußen. Setzen Sie sich in den Garten, vors Haus, auf eine Bank an einer nicht stark belebten Straße oder auf eine Parkbank.

Ihr Hund soll sich nun auch hier auf seine Handtouch-Arbeit mit Ihnen konzentrieren und dem Geschehen um ihn herum keine Beachtung schenken. Arbeiten Sie nie zu lange allein im Wohnzimmer.

Unterschätzen Sie nicht, wie anstrengend die Übung für ungeübte Hunde sein kann. Beenden Sie das Training bitte sofort, wenn Ihr Hund stark zu hecheln beginnt, gähnt oder mit den Augen blinzelt.

Tipp, wenn's nicht klappt

Es ist bei dieser Übung ganz wichtig, dass Sie nicht zu früh aufgeben. Es kann bei manchen Hunden etwas dauern, bis Sie sich wirklich konzentrieren können. Ein Hund, der bisher nie gelernt hat, eine Aufgabe hochkonzentriert abzuarbeiten, lernt dieses nicht innerhalb weniger Stunden. Haben Sie Geduld und geben Sie Ihrem Hund die benötigte Zeit.

Trotz verführerischen Ablenkungen durch Wald und Wiese bleibt Sam konzentriert bei seiner Halterin. Sam hat die Hand als Magnet verinnerlicht. Seine Halterin ist wichtiger als der Wald.

Nervöse Hunde

Ein Hund ist nicht nervös, wenn er vor dem Spaziergang freudig aufgeregt an der Haustür steht. Unter nervösen Hunden verstehe ich z. B. Hunde, die selten bis nie zur Ruhe kommen, im Haus oder der Wohnung hin- und herlaufen oder ständig dem Halter „an den Fersen" kleben.

Mein Sheltie Chestnut, der im Alter von 4,5 Jahren zu mir gekommen ist, ist so einer, weshalb er bei mir liebevoll „Hausmeister Krause" genannt wird. Er versucht ständig, alles und jeden unter Kontrolle zu haben. Bei solchen Hunden setze ich die Touch-Arbeit ein, um ihre Konzentration umzulenken und sie schlicht und einfach müde zu machen.

Die Übungen sind die gleichen wie bei den Konzentrationsübungen. Einziger Unterschied ist, dass Sie die Übungen genau da durchführen, wo die Nervosität des Hundes auftritt. Mit Chestnut touche ich vor allem im Haus, da er hier am nervösesten ist und uns ständig zusammentreiben möchte. Nach 10 bis 15 Minuten ist er in der Regel so geschafft, dass er sich ruhig auf seinen Platz begeben kann.

Nervosität kann nicht völlig abtrainiert werden. Genau wie es Menschen gibt, die aktiver sind als andere, gibt es auch bei Hunden die emsigen und die Couch-Potatoes. Dies ist rasseunabhängig, auch innerhalb einer Rasse gibt es die unterschiedlichsten Charaktere.

Temperamentsbündel ohnegleichen: Sam strotzt vor Energie. Vor allem draußen wird er rassebedingt schnell nervös. Konsequentes Touch- und Blickkontakttraining kann Abhilfe schaffen.

VERTRAUENSAUFBAU BEI ANGSTHUNDEN

Jeder Angsthund ist anders – seine bisherige Geschichte spielt eine große Rolle. Eine genaue Beobachtung wodurch, wann und durch wen die Ängste des Hundes verursacht werden, ist immens wichtig.

Liz – aus dem Schuppen auf die Tanzfläche

Liz, eine Border-Collie-Hündin, kam direkt aus Irland über den Tierschutz zu ihrem Frauchen. In Irland werden überzählige oder nicht für die Hütearbeit geeignete Border-Collie-Welpen und Junghunde in einen Schuppen gesperrt. Den Rest erledigt die Zeit, d. h. die Hunde verhungern und verdursten in diesen Schuppen ...

In welchem Zustand sich Liz befand, als sie nach einigen Wochen im Schuppen nach Deutschland kam, brauche ich wohl nicht zu beschreiben. Die ersten Wochen versteckte sie sich im Haushalt des neuen Frauchens unter einer Dachschräge. In den Garten musste sie rausgetragen werden, spazierengehen war nicht möglich, zum Fressen kam sie nur nachts aus ihrem Schlupfwinkel. Nur langsam bekam ihr Frauchen Zugang zu ihr, sehr geholfen hat die Anwesenheit des schon im Haushalt vorhandenen Border-Collie-Rüden Luke.

Im Februar 2007 durfte ich Liz während eines Spiel- und Trickkurses kennenlernen. Sie saß die ersten zwei Tage nur unter einem Stuhl und beäugte misstrauisch das Treiben um sich herum. Die Kursteilnehmer waren angewiesen, Liz zu ignorieren. Ich bat Liz' Frauchen mit dem Touch-Training zu beginnen und die Tricks, die wir tagsüber im Kurs mit Luke eingeübt hatten, mit Liz im ruhigen Hotelzimmer zu versuchen. Am dritten Tag kam Liz von allein unter ihrem Stuhl hervor. Sie nahm nun selbstständig Kontakt zu einer ihr fremden Kursteilnehmerin auf, die ich bat, Liz die Hand zum Touchen anzubieten und ihr dann vorsichtig ein Leckerchen zu geben.

Am Ende der Woche bewegte sich Liz frei im Raum und während eines Suchspieles war sie so vertieft in ihre Aufgabe, dass sie es nicht mal mehr als gefährlich ansah, wenn die anderen Kursteilnehmer durch den Seminarraum liefen. Liz' Frauchen bekam noch Tipps zu den ersten Dog-Dance-Übungen und weitere kleine Trick-Anleitungen mit nach Hause.

Im Mai 2007 präsentierte sich uns eine Liz, die fast nicht wieder zu erkennen war. Ihr Frauchen hatte fleißig mit ihr getoucht, getrickst und getanzt. Körpernähe und Körperkontakt wurden so für Liz zu etwas uneingeschränkt Positivem gemacht.

Im August 2008 habe ich Liz nochmals getroffen. Sie hatte weitere große Fortschritte gemacht und konnte ihr Frauchen im Alltag inzwischen völlig angstfrei begleiten.

Border Collies sind Temperamentsbündel und oft sehr sensibel.

Trainingsaufbau

Allem voran ist es wichtig, einen sogenannten Angsthund zu nichts zu zwingen. Das immer wieder und leider heute noch weit verbreitete Motto „da muss er durch“ kann diese Hunde in noch größere Angst versetzen. Durch Zwang erreicht man bei einem Angsthund überhaupt nichts, man verstärkt das Problem nur noch.

Beginnen Sie mit dem Touch-Training, wie auf S. 16 beschrieben. Hunde sind in der Regel sehr neugierig, auch Angsthunde. Auf diese angeborene Neugier setze ich beim Training. Haben Sie Geduld, überstürzen Sie nichts, über kurz oder lang wird sich der Hund für Ihre Hand interessieren. Ziehen Sie den Hund nie zu sich heran. Der Hund muss selbst erfahren, dass diese Hand nicht gefährlich ist.

Sobald sich der Hund angstfrei, ohne zu zögern Ihrer Hand nähert, diese ohne Angst toucht, versuchen Sie die ersten kleinen Tricks wie z. B. Pfote geben. Halten Sie die Pfote niemals fest, lassen Sie den Hund die Pfote locker auf Ihre geöffnete Hand legen und selbst entscheiden, wie lange er dies tun möchte.

Nach diesem schon sehr nahen Körperkontakt starten Sie mit den ersten Dog-Dance-Schritten. Passen Sie diese Übungen Ihrem Hund an. Haben Sie einen Hund, der Angst vor Beinen hat, arbeiten Sie die Übungen im Sitzen. Der Achter um die Beine funktioniert auch sitzend wunderbar.

Tipp, wenn’s nicht klappt

Auch diese Übung können Sie mit einem kleinen Schüsselchen, unter dem der Futterbrocken liegt, arbeiten, falls sich der Hund anfangs Ihrer Hand überhaupt nicht nähern möchte.

Scarlett – von der Straße ins Wohnzimmer

Die Arbeit mit Scarlett gestaltete sich ganz anders. Scarlett hatte, als sie im Alter von 1,5 Jahren zu ihrer Familie kam, vor allem Angst, egal, ob es Dinge, Geräusche oder Menschen waren, alles war gefährlich. Scarletts Geschichte ist eine ganz andere als die von Liz.

Scarlett wollte flüchten, wenn sie fremde Menschen sah oder für sie undefinierbare Geräusche hörte, sodass ihre Familie in den ersten Tagen nur nachts mit ihr spazieren gehen konnte. Autos, Gegenstände, die herunterfielen, und Menschen, die Gegenstände in der Hand hielten, lösten bei Scarlett Panik aus.

Trainingsaufbau

Da Scarlett in ihrem ersten Lebensjahr als Straßenhund gelernt hat, dass Flucht die beste Lösung ist, galt es bei ihr zunächst, Vertrauen zu ihren Haltern aufzubauen. Immer wenn Situationen entstanden, die Angst auslösten, wurde Scarlett „getröstet". Kraulen, streicheln, leise mit ihr sprechen, füttern, alles war erlaubt, um sie langsam aus der Situation herauszuführen. Scarlett sollte lernen, dass alles, was im Umfeld ihrer neuen Familie ablief, nicht gefährlich war.

Nach Auflösung der Angstsituation sollte Scarlett lernen, sich über den Handtouch Sicherheit bei ihrer Halterin zu erarbeiten. Als Scarlett gelernt hatte, sich auf die Hand ihrer Halterin zu kon-

Als Scarlett in ihre Familie kam, war sie ein verängstigtes Häufchen Elend. Heute begleitet sie ihre Familie souverän überall hin. Nur das Autofahren wurde nie zu ihrer Leidenschaft.

zentrieren, hatte sie in dem Moment keine Zeit, sich um ihre Ängste zu kümmern. Langsam, nach langer Arbeit und viel Geduld wurde Scarlett immer entspannter.

Durch Inflationierung der Dinge, die Scarlett Angst machten, erreichten wir, dass sich Scarlett fotografieren ließ. Fotoapparate in Menschenhänden waren bisher nämlich „mordsgefährlich". Ich war sehr froh, dass die Familie von Scarlett so toll mitarbeitete. Da sich Scarlett auch vor Hüten, Sonnenbrillen und „komischer" Kleidung ängstigte, wurden in Scarlett's Familie zu Hause das ganze Jahr über Faschingskostüme getragen: Gekocht wurde mit Hut, gegessen mit Sonnenbrille, geputzt wurde im Regencape.

Immer erst über größere Entfernungen, die Scarlett gut ertragen konnte, verringerten wir langsam die Abstände zu Personen, Dingen und Geräuschen. Die Betonung liegt hier auf langsam. Mit einem Hund, der das Angstschema von Scarlett zeigt, darf keinesfalls zu schnell an dem angstauslösenden Problem gearbeitet werden.

Tipp, wenn's nicht klappt

Verwenden Sie eine 1-Meter-Leine, aber bitte keinen Kurzführer. Der Hund darf nicht die Möglichkeit bekommen, zu weit vom Halter weg auszuweichen, muss aber trotzdem einen gewissen Spielraum haben. Ziehen Sie den Hund nicht zu sich heran. Ziel ist es ja, dass der Hund beim Halter Schutz sucht. Am besten lernt der Hund, wenn er sich dieses Verhalten selbst erarbeiten kann.

Früher unmöglich: Heute können auch Männer Scarlett streicheln, ohne dass sie in Panik verfällt oder flüchten möchte. Vertrauensvoll und neugierig nimmt sie Kontakt mit fremden Personen auf.

Nicht jeden Angsthund gleich behandeln

Zuerst muss immer der Grund für die Ängstlichkeit herausgefunden werden. Ist der Hund nur schüchtern oder hat er wirklich echte Angst?

Diese zwei Beispiele zeigen, dass vor allem Hunde mit Ängsten unbedingt individuell behandelt werden müssen. Liz hatte gar keine Erfahrungen mit Menschen, sie war ohne Menschenkontakt in dem Schuppen eingesperrt. Dadurch konnten wir Liz aber auch schneller dazu bewegen, Kontakt mit Menschen aufzunehmen. Sie hatte mehr Angst vor dem Unbekannten als vor Menschen an sich. Hier führte die Ignoranz-Methode zum Erfolg, da sich Liz, über die Neugier, die eigentlich jedem Hund angeboren ist, ihre Erfahrungen mit Menschen selbst positiv erarbeiten konnte.

Scarlett hingegen hatte während der wichtigsten Prägephase schlechte Erfahrungen mit Menschen gemacht, was die Vertrauensarbeit bei ihr wesentlich langwieriger als bei Liz gestaltete. Die Ignoranz-Methode wäre hier völlig falsch am Platze gewesen. Bei Scarlett war unser wichtigstes Anfangsziel, ihr aktiv zu zeigen, dass es bei ihrer Halterin immer sicher ist, egal, was passiert. Scarlett begleitet ihre Familie heute überall hin. Nur das Autofahren wird nie ihre Leidenschaft werden.

Immens wichtig ist es herauszufinden, welche Ursachen die Angst hat. Erst wenn der Auslöser weitestgehend bekannt ist, sollte mit einer Therapie begonnen werden. Ein erfahrener Trainer sollte über genaue Beobachtung des Hundes ein Angstschema erkennen können.

Kurz gefasst:

- Angsthunde niemals zu etwas zwingen.
- Jeder Angsthund ist individuell zu behandeln.
- Die Ursache der Angst muss vor der Therapie abgeklärt werden.

HANDICAP-HUNDE SANFT FÜHREN

Schon immer lagen mir Handicap-Hunde besonders am Herzen. Egal, ob blind, taub oder anders körperlich gehandicapt, auch behinderte Hunde möchten lernen und mit Ihrem Halter gemeinsam etwas erarbeiten.

Den Hund an der Nase herumführen

Bei behinderten Hunden versagen die geläufigen Hilfsmittel in der Regel auf ganzer Linie. Ein tauber Hund hört den Clicker nicht, und blinde Hunde ängstigt der Clicker oft sehr. Dana, eine blinde Dogge, verkroch sich schlotternd in der hintersten Ecke des Hundeplatzes, wenn der Clicker zum Einsatz kam, und auch Buddy, ein blinder Pudel, fand das Geräusch nicht wirklich toll und erschrak bei jedem Click. Bear, ein Weißtiger-Border-Collie, blind und taub, konnte weder mit Targets noch mit Clicker gearbeitet werden.

Die Nase aber funktioniert bei blinden und/oder tauben Hunden genauso gut, wenn nicht sogar besser als bei sehenden/hörenden Hunden. Hunde können mit der Nase nicht nur riechen, sondern auch fühlen. Blinde Hunde z. B. nehmen mit den Tasthaaren (Vibrissen) an der Schnauze Luftströmungen um Möbel wahr. Es ist also gar nicht so erstaunlich, dass blinde Hunde Möbel sehr gut umgehen können.

Kurz gefasst

- Der Clicker erschreckt und ängstigt blinde Hunde sehr häufig.
- Taube Hunde hören den Clicker nicht.
- Sanftes Hilfsmittel ist die Hand oder weiche Tücher.

Bekannt machen mit der sanften Führungshilfe. Blinde Hunde fühlen die Luftverwirbelungen des Tuches und können lernen, diesen zu folgen.

ÜBUNG

Arbeit mit behinderten Hunden

Übungsziel

- Training mit Hunden trotz Handicap.
- Maximale Arbeitsdauer mit Junghunden: 10 Minuten
- Maximale Arbeitsdauer mit erwachsenen Hunden: 15 Minuten

Beginnen Sie mit der Übung auf S. 14.

Bauen Sie auch mit behinderten Hunden so schnell wie möglich Ablenkungen ein: Bei blinden Hunden Geräuschablenkung, bei tauben Hunden arbeiten Sie wieder mit Hilfspersonen. Diese Übung klappt auch mit Hunden, die blind und taub sind, wunderbar. Die Nase funktioniert immer.

Die Übungen auf S. 26 und 28 werden genauso ausgeführt, wie beschrieben. Das Blickkontakttraining ist natürlich nur bei tauben oder anderweitig gehandicapten Hunden sinnvoll.

Lassen Sie sich bitte nicht dazu verleiten, extrem gut duftende Leckerchen zu verwenden. Auch der behinderte Hund soll keine Bindung zu einem Futterbrocken aufbauen, sondern eine enge Bindung an den Halter. Käse als Bezugsobjekt ist nicht das Ziel der Übungen. Der Hund soll lernen, sich primär am Geruch des Halters zu orientieren und diesem zu folgen.

Die Übungen im Kapitel „Erziehung" (siehe S. 41 bis 47) können Sie ebenfalls so trainieren, wie beschrieben. Passen Sie bitte alle Übungen an die Behinderung Ihres Hundes an. Ein Verbotswort ist bei tauben Hunden nutzlos: Hier könnte man mit Gesten arbeiten. Hunde sind Meister im Lesen körperlicher Signale. Eine Verbotsgeste könnte z. B. die ausgestreckte Hand mit weit gespreizten Fingern sein.

Tanzen mit behinderten Hunden

Geht nicht? Doch, geht wunderbar! Taube und/oder blinde Hunde können sehr gut über Fingertipps geleitet werden. Das Antippen der linken Schulter des Hundes mit dem Finger könnte z. B. eine Drehung nach links bedeuten. Rechte Schulter antippen heißt für den Hund: „Dreh dich nach rechts". Anstupsen der Nase bedeutet Sitz, Anstupsen des Brustkorbes kann eine Verbeugung des Hundes bedeuten. Die Möglichkeiten sind unendlich, seien Sie kreativ!

Blinde Hunde lernen Hörzeichen meist schnell. Verwenden Sie Wörter, die der Hund nicht verwechseln kann. „Sitz" und „Platz" sind leicht verwechselbare Wörter. Sie können auf andere Sprachen ausweichen z. B. so aus dem „Platz" das englische „down" machen. Sich gut unterscheidende Hörzeichen sind bei blinden Hunden immens wichtig.

Taube Hunde reagieren perfekt auf Sichtzeichen. Sie können einen tauben Hund über Ihre Körpersprache in jede gewünschte Richtung leiten. Ein leichtes Vorbeugen von Ihnen sagt dem Hund, dass er rückwärtsgehen soll, nach hinten beugen bedeutet, er soll zu Ihnen kommen. Hunde können auch Fingerzeichen unterscheiden: So kann ein nach oben ausgestreckter Finger „Sitz" vermitteln, zwei ausgestreckte Finger nach unten ein „Steh".

Taube und blinde Hunde werden in meinen Kursen mit leichten Microfasertüchern geführt. Das Tuch riecht nach Frauchen/Herrchen und verursacht Luftverwirbelungen, denen der Hund folgt. So können Sie fast alle gängigen Dog-Dance-Schritte einüben.

Behinderter Hund, na und?

In den letzten Jahren habe ich Hunde mit unterschiedlichen Handicaps trainiert. Alle waren mit Feuereifer dabei. So mancher Halter wurde von seinem Handicap-Hund oder seinem Hunde-Oldie überrascht. Man traut diesen Hunden meist viel zu wenig zu. Dabei ist ihr Kopf ja völlig in Ordnung!

Wie vorher schon erwähnt, können auch behinderte Vierbeiner Hundesport betreiben. Eine hervorragende Arbeit für einen blinden und tauben Hund könnte z. B. das Mantrailing sein. Hunde mit dieser Behinderung besitzen oft einen noch ausgeprägteren Geruchssinn als sehende/hörende Hunde. Zusätzlich werden diese Hunde nicht von anderen Eindrücken abgelenkt und können sich voll und ganz auf die Fährte konzentrieren. Auch der körperlich behinderte Hund möchte und muss beschäftigt werden. Gerade weil sich diese Hunde oft nicht so viel und/oder ausgiebig bewegen können, muss ihr Kopf gefordert werden. Tricks, die auch im Liegen ausgeführt werden können, und so gut wie alle Einsteinspiele eigenen sich dafür trefflich. Es ist eine wundervolle Aufgabe, mit einem behinderten Hund zu arbeiten!

Tipp, wenn's nicht klappt

Seien Sie geduldig und ersetzen Sie Worte oder Gestik durch Fingertipps.

In kürzester Zeit hat Joy verstanden, dass es sich lohnt, dem Luftzug des Tuches zu folgen.

Mithilfe des Tuches kann die Halterin Joy nun in jede von ihr gewünschte Richtung lenken.

SERVICE

Was das Buch erreichen soll

Dieses Buch soll Sie dabei unterstützen, zu Ihrem Hund eine gefestigte Beziehung und eine enge Bindung aufzubauen. Beziehung und Bindung zu Ihrem Hund ermöglichen ein harmonisches Miteinander im Alltag.

Alle Übungen und Spiele können unabhängig voneinander trainiert werden. Mit welchem Training oder Spiel Sie beginnen, ist völlig egal. Ob Sie nun zuerst den Blickkontakt aufbauen oder doch lieber mit dem Touch-Training beginnen, obliegt Ihnen selbst.

Hundeerziehung ist im Prinzip sehr einfach. Einfach dann, wenn Hundehalter anfangen, ihren Hunden „zuzuhören“. Eigentlich sagen sie uns genau, was sie brauchen, wir achten oft nur zu wenig darauf. Hunde sind so wundervolle Wesen, die, nimmt man sie an, ständig mit uns in Kommunikation treten wollen. Hunde tun so viel für uns Menschen. Sehen sie sich die Arbeit eines Blindenführ-, Rettungs- oder Therapiehundes an. Es ist fabelhaft, was Hunde lernen und leisten können. Halter solcher Hunde haben eine ganz besondere Beziehung zu ihren Hunden.

Es ist schade um jeden Hund, der nichts lernen darf. Jeder Hund will und kann, seinen Anlagen und Fähigkeiten angepasst, lernen und mit seinem Halter zusammenarbeiten.

Viele Hundehalter, die ich treffe, gehen mit Handy am Ohr spazieren oder unterhalten sich mit anderen Hundehaltern. Sie beachten ihre Hunde nicht und wundern sich dann, wenn sich ihr Hund selbst eine Beschäftigung sucht. Dann wird gerufen und gebrüllt, der Hund „zur Strafe“ an die Leine genommen. Es sollte doch aber keine Strafe für den Hund sein, wenn er mit seinem Halter laufen soll.

Unterbrechen Sie doch mal Ihre Unterhaltung und beschäftigen Sie sich 10 bis 15 Minuten mit Ihrem Hund. Machen Sie kurze Touch-Übungen, ein paar Dog-Dance-Schritte oder spielen Sie ein Suchspiel mit ihm. Ihre Begleitung wird es Ihnen nicht übelnehmen, wenn Sie zwischendurch mit Ihrem Hund spielen, und Ihr Hund wird es Ihnen tausendfach danken. Schenken Sie Ihrem Hund die Aufmerksamkeit, die uns unsere Hunde in der Regel von allein schenken.

Achten Sie einmal ganz bewusst darauf, wie oft Ihr Hund von allein Blickkontakt mit Ihnen aufnimmt. Reagieren Sie, wenn er Sie mit der Nase anstupst und sagen möchte: „Hier bin ich! Was tun wir jetzt?“ Sie werden erstaunt sein, wie oft Hunde das tun, wenn sie gelernt haben, dass es sich lohnt. Ein Hund, der schon als Welpe sich selbst überlassen wurde, muss dieses natürlich erst wieder neu lernen.

Denn ich bin der festen Überzeugung: Stimmt die Beziehung, klappt es auch mit der Erziehung.

Praxis

Im Jahr 2003 habe ich die Hundeschule Naseweis gegründet. Seit 2006 gebe ich Wochen- und Wochenendkurse zu unterschiedlichen Bereichen des Hundesports in Hundesporthotels und Hundevereinen. Bereits seit 2014 gibt es Kurse zu diesem Buch. Kursziel ist eine gefestigte Beziehung und eine engere Bindung zum Hund.

Weitere Informationen über die Kurse finden sie auf *www.hsnaseweis.jimdo.com*.

Zum Weiterlesen

- del Amo, Celina (2009): Dogdance. Schritt für Schritt vom Trick zur Kür. Verlag Eugen Ulmer, Stuttgart
- del Amo, Celina (2011): Abenteuer für Hunde. Spiel und Spaß unterwegs. Verlag Eugen Ulmer, Stuttgart
- del Amo, Celina (2011): Spielschule für Hunde. 117 Tricks und Übungen. Verlag Eugen Ulmer, Stuttgart
- Jakob, Anja (2013): Hundespiele für zu Hause. Denksport, Tricks und Spiele. Verlag Eugen Ulmer, Stuttgart
- Rauch, Liane (2016): Mein Einstein auf vier Pfoten. Kreative Bindungs- und Intelligenzspiele für Hunde. Verlag Eugen Ulmer, Stuttgart
- Rauch, Liane/Landmann, Christina (2018): Hundeprobleme lösen mit Training und Homöopathie. Verlag Eugen Ulmer, Stuttgart
- Sondermann, Christina (2017): Einfach schnüffeln! Nasenspiele für den Hundealltag. Verlag Eugen Ulmer, Stuttgart
- Spyrka, Frederike (2019): Hundetricks mit Nala. Vom Straßenhund zum Fernsehstar. Verlag Eugen Ulmer, Stuttgart
- Sundance, Kyra (2012): 10-Minuten-Spiele für Hunde. 86 x Spiel, Spaß & Sport. Verlag Eugen Ulmer, Stuttgart
- Weiß, Cordula (2015): Hundespiele für unterwegs. Denksport, Tricks und Spiele. Verlag Eugen Ulmer, Stuttgart

Klicks im WWW

- www.hotel-wolf.de
- www.hsnaseweis.jimdo.com
- Facebook Hundeschule Naseweis

Dank

Allerherzlichsten Dank an meine treuen Kunden, von denen mich einige schon seit der ersten Stunde Hundeschule Naseweis begleiten. So manchen Hund durfte ich viele Jahre durchs Leben begleiten. Ein megagroßes Dankeschön geht an die Kursteilnehmeer in meinen Wochen- und Wochenendkursen. Ohne sie würde es die Hundeschule Naseweis nicht mehr geben.

Ebenfalls herzlich danken möchte ich meinen „Fotomodellen", die alle zu mir in die Hundeschule gingen und gehen. Ohne sie wäre dieses Buch bestimmt nicht so bunt geworden. Danke für euere Ausdauer beim Foto-Shooting.

Und jetzt habe ich noch einen Oscar zu vergeben, weil es mir einfach am Herzen liegt: Danke an meine Eltern, die mich seit meiner frühesten Kindheit in meiner tierischen Leidenschaft immer unterstützt haben.

Und den allergrößten Dank möchte ich an meinen Mann sagen. Ohne ihn würde dieser „Hundewahnsinn" hier nicht funktionieren. Er muss oftmals zurückstecken und ich glaube, er tut es sogar gerne. So einen Mann findet man wahrlich nicht überall.

Bildquellen

Titelbild: Maren Leuker.
Alle anderen Fotos stammen von Silke Klewitz-Seemann.

Hinweis

Der Verlag Eugen Ulmer ist nicht verantwortlich für die Inhalte der im Buch genannten Websites.

Anmerkung zur Schreibweise (Gendering) der weiblichen, männlichen und unbestimmten Form: Ausschließlich aufgrund der deutlich besseren Lesbarkeit wird in diesem Werk auf die jeweilige Mehrfachnennung oder Anpassung der Schreibweise bestimmter Bezeichnungen verzichtet.

Impressum

Die in diesem Buch enthaltenen Empfehlungen und Angaben sind von der Autorin mit größter Sorgfalt zusammengestellt und geprüft worden. Eine Garantie für die Richtigkeit der Angaben kann aber nicht gegeben werden. Autorin und Verlag übernehmen keine Haftung für Schäden und Unfälle. Bitte setzen Sie bei der Anwendung der in diesem Buch enthaltenen Empfehlungen Ihr persönliches Urteilsvermögen ein.

Der Verlag Eugen Ulmer ist nicht verantwortlich für die Inhalte deer im Buch genannten Websites.

Bibliografische Information der Deutschen Nationalbibliothek
Die Deutsche Nationalbibliothek verzeichnet diese Publikation in der Deutschen Nationalbibliografie; detaillierte bibliografische Daten sind im Internet über http://dnb.d-nb.de abrufbar.

Wollgrasweg 41, 70599 Stuttgart (Hohenheim)
E-Mail: info@ulmer.de
Internet: www.ulmer.de
Projektleitung: Kathrin Gutmann
Lektorat: Silke Behling, Gabi Franz
Herstellung: Ulla Stammel, Judith Schumann
Umschlaggestaltung: Verlag Eugen Ulmer
Satz 3. Aufl.: r&p digitale medien, Echterdingen
Reproduktion: time:ray Visualisierungen, Jettingen
Druck und Bindung: Westermann Druck Zwickau
Printed in Germany

ISBN 978-3-8186-2251-0

FSC MIX Papier | Fördert gute Waldnutzung FSC® C110508 www.fsc.org